典藏版 / 18

数林外传 系列
跟大学名师学中学数学

Fibonacci 数列

◎ 肖果能　编著

U0363655

中国科学技术大学出版社

内 容 简 介

本书详细介绍了 Fibonacci 数列的一般知识、基本理论及其应用,是作者学习和研究这个著名数列的心得和成果.全书分 6 章:Fibonacci 数列及其表示;Fibonacci 数列的代数性质;Fibonacci 数列与几何;Fibonacci 数列的相关数列;Fibonacci 数列与数论;Fibonacci 记数法及其应用.

作者花了数年的时间撰写本书,将普及性、系统性、趣味性、经典性和成果性等特色充分地展示了出来,可供中学生、中学程度自学青年、中学数学教师甚至大学数学专业的本科生、研究生阅读和参考.

图书在版编目(CIP)数据

Fibonacci 数列/肖果能编著.—合肥:中国科学技术大学出版社,2015.1(2020.8 重印)

(数林外传系列:跟大学名师学中学数学)

ISBN 978-7-312-03609-5

Ⅰ.F⋯ Ⅱ.肖⋯ Ⅲ.斐波那契序列—青少年读物 Ⅳ.O156-49

中国版本图书馆 CIP 数据核字(2014)第 284624 号

中国科学技术大学出版社出版发行

安徽省合肥市金寨路 96 号,230026

http://press.ustc.edu.cn

https://zgkxjsdxcbs.tmall.com

安徽省瑞隆印务有限公司印刷

全国新华书店经销

*

开本:880 mm×1230 mm 1/32 印张:7.75 字数:180 千

2015 年 1 月第 1 版 2020 年 8 月第 2 次印刷

定价:30.00 元

Fibonacci 数列

——数海中一颗璀璨的明珠

（代序）

（一）

说 Fibonacci 数列（斐波那契数列，简称 F-数列）是数学大海中一颗璀璨夺目的明珠绝非过誉，这个数列简洁优美，带给我们无尽的遐想.

F-数列是数学中历史悠久，影响广泛，在理论和应用上都很重要的一个数列. 自 1202 年意大利数学家 Fibonacci 提出"兔子问题"以后，即引起人们广泛的关注. 在兔子问题提出以后四百多年，德国天文学家及物理学家开普勒在 1611 年发现相继每个月的兔子数组成一个数列；英国的西姆森在 1753 年发现这个数列与连分数的关系；法国的比内在 1843 年得到数列的通项公式. 历时八百余年，特别是近二百年，对其研究的深入可谓异彩纷呈，硕果累累. 为了对 F-数列的研究成果进行交流和切磋，美国学者 B. A. Brousseau 等发起成立了斐波那契协会；在美国数学会的支持下，于 1963 年创办和发行了《斐波那契季刊》(*The Fibonacci Quarterly*)；并且组织了每两年举行一届、由国际数学家参加的国际会议 (International Conference on Fibonacci Numbers and Their Applications).

F-数列说来简单，它就是数列：

$$1，1，2，3，5，8，13，21，34，55，89，144，\cdots$$

小学生也能看出它的构成规律是:第 1,2 项都是 1,从第 3 项开始,每项都是其前面两项之和.任何一个智力正常的人不需一分钟的时间就能掌握这个规律,并且只要他愿意,便可按此规律从第 1 项开始写到这个数列的任何一项.

我们不禁要问:为什么这样一个简单的数列能够如此引人入胜,对它的研究历久不衰,而研究的发现和成果又层出不穷呢?

原来,对于 F-数列,简单的是其外延,而其内涵则极为丰富.从哲学的观点看来,要认识一个事物,要深入到事物的内部,同时要认识这个事物与其他事物之间的联系.我们对于 F-数列的认识也是如此.由于事物内部的性质层层深入,人们的认识也就与时俱进,所以对于 F-数列的研究和认识没有终极,不可穷尽,永无止境.

(二)

面对这样一个简单的数列,我们对它的研究究竟是如何展开的呢? 对于 F-数列我们已经知道些什么,还应该研究什么,怎样进行研究呢?

首先,F-数列是用递归方法定义的.但是我们可以从许多不同的角度考察 F-数列,给出 F-数列的各种表示.其中最重要的是通项表示,即 F-数列的通项公式(Binet(比内)公式).Binet 公式本质上是两个等比数列的通项公式的和.F-数列也可以借助矩阵或连分数来表示;对于固定的 n,Binet 公式表示的是下标为 n 的(即第 n 个)Fibonacci 数.而对于 Fibonacci 数,还有组合表示、取整表示、行列式表示等.显然这些表示都是等价的,它们都是数列的通项表示,都可以作为定义而成为讨论的出发点.每种表示都为我们开启考察这个数列的一扇窗户,为研究这个数列提供一种方法或开辟一条路径.

其次,作为数列,我们应该研究 F-数列的代数性质.已经建立了关于 F-数列的许多恒等式和不等式,统称 Fibonacci 恒等式或不等式,其中最重要的是 Cassini(卡西尼)恒等式和 Catalan(卡塔兰)恒等式;F-数列与几何有密切的联系,以 Fibonacci 数和著名的黄金数(它是相邻两个 Fibonacci 数之比当下标趋于无穷时的极限)为度量或度量关系的几何图形(三角形、正方形、矩形、椭圆等)往往有许多值得注意的性质,形成"Fibonacci 三角形""Fibonacci 正方形(列)""黄金矩形(列)""黄金椭圆"等研究课题;F-数列又是由整数组成的数列,自然要讨论数列的数论性质,如 Fibonacci 数的整除性和倍数、F-数列与不定方程的联系等.从代数、几何、数论三大领域或三个方面考察 F-数列,揭示了这个数列的丰富的内涵.

再次,由 F-数列可以生成许多相关的数列,如平方(立方)F-数列及一般的 k 方 F-数列、F-数列的子数列、Fibonacci 倒数列、带模的 F-数列等.和 F-数列一样,这些数列也有各自的性质,而这些性质归根到底都是 F-数列的性质,它们丰富和加深了我们对 F-数列的认识.例如,对任意模的 F-数列的周期性和周期的讨论,导致关于 F-数列的尾数(末 1 位、末 2 位、末 3 位等)组成的数列的周期性问题的解决,因为后者不过是以 $10,100,1\,000$ 等为模的 F-数列.

最后,F-数列在数学的理论和应用中十分重要,在趣味数学和数学游戏中也经常出现.在应用方面无疑当首推黄金数和 F-数列在搜索理论(优选法)中的应用及关于辗转相除法有效性的 Lame 定理的证明.另外,Fibonacci 记数法及其用于正整数集合的一种划分和一个起源于中国的古老的博弈问题的解决,也是 F-数列应用的著名例子.

总之,现实世界(自然界、人类社会)中的许多实际现象(如植物的叶序、树木的枝条、蜜蜂的蜂房、蚂蚁的繁殖等)中都存在着 F-数列的原型,许多数学问题(如上楼梯问题以及集合论、组合中的问题)也与 F-数列有关,F-数列与实际问题和数学问题有着千丝万缕的联系.正是实践和理论的需要使 F-数列充满活力,吸引了数学家和数学爱好者极大的关注和兴趣.

(三)

前面我们说过 F-数列有多种表示以及这些表示的意义.在这些表示中,最重要的有两类:递归表示和通项表示(Binet 公式).与此相应地,研究 F-数列也就有两类最重要的方法:递归方法和代数方法.

F-数列是用递归方法定义的.这种定义法的理论依据是关于自然数的皮亚诺公理体系中的数学归纳法原理,所以数学归纳法是 F-数列研究中常用的方法.许多结论往往由观察得到,然后用数学归纳法证明.F-数列是无穷数列,而我们的观察只能是有限的、特殊的,这时,数学归纳法就是联系和沟通有限和无穷、特殊与一般的必不可少的桥梁.在递归方法中,特征多项式与特征方程、母函数是重要的工具,例如对任意正整数 k,k 方 F-数列的递归式的一般形式就是利用特征多项式得到的.

Binet 公式是用下标 n 表示的 F-数列的通项公式.有了这个公式,在 F-数列的研究中才得以广泛地使用代数方法.例如,经常利用一些熟知的代数恒等式或进行代数恒等变换.著名的 Catalan 恒等式(Cassini 恒等式是其特例)就可以利用已知的代数恒等式来证明.

递归方法和代数方法是研究 F-数列的两类最重要的方法,它们相互补充,相得益彰.

F-数列的矩阵表示在 F-数列的研究中引入矩阵方法和行列式方法.这种方法有其独到之处,往往简洁明了,精美而巧妙.F-数列的求和公式可以用矩阵方法证明,而 F-数列的子数列的递归公式用矩阵方法进行处理时特别方便.行列式则是适合于讨论 F-数列、平方 F-数列的不变量的有用的工具.

F-数列的研究不仅内容丰富,方法也多样,蕴含着极为丰富的数学思想,这正好就是这个简单的数列的魅力之所在.

(四)

F-数列是数学工作者和数学爱好者都感兴趣的课题,在我国,这种兴趣由来已久.

1954 年,中国青年出版社出版了苏联科学出版社数学普及讲座中的《斐波那契数》一书的中译本(沃洛别也夫著,高彻译),新中国成立后的一代青年(其中包括作者)中许多都是通过这本小书开始接触和了解这个著名数列的.浙江大学沈康身教授在他的四册鸿篇《数学的魅力》(上海辞书出版社,2006 年)中以"那一对兔子引起的八百年风波"为题分上、下两章以生动的笔触全面地介绍了 F-数列;吴振奎先生所著的《数学问题赏析:斐波那契数列》(辽宁教育出版社,1993 年)则流传甚广.这些著作都堪称优秀,对 F-数列的普及与传播产生了很好的影响.但总的来说,这两部著作对于 F-数列的论述偏重于"赏析"的层面.另外还有许多关于 F-数列的研究成果则散见于各种杂志、报纸.1993 年作者参与了周持中、袁平之教授的专著《斐波那契–卢卡斯数列及其应用》的撰稿工作,此书对常系数线性齐次递归数列作了全面而深入的论述,并不限于讨论狭义的 F-数列,适合于专业数学工作者.所以,作者认为应该有一本普及性的反映 F-数列的全貌和发展的数学著作,因为这正好是广大数学爱好者、数学教师、数学专业研究生及有兴趣的高中学生所需要的.有鉴于此,作者早已萌生撰写这样一本著作的想法.经多年努力终于脱稿;感谢中国科学技术大学出版社的支持,使之得以问世.

本书是作者多年以来学习和研究 F-数列的心得和成果.本书共 6 章 35 节,以翔实的内容,经过深入的思考,精心组织成严谨的体系,以期读者能通过本书对这个优美的数列一览全貌.

拙作将努力体现上面所述的对于 F-数列的意义、内容和方法的理解.呈献于读者的这本书有以下特色:

1. 普及性.这是一本入门书,从历史的缘起和定义出发全面地介绍 F-数列的一般知识.读者只需具备高中数学(包括矩阵、行列式初步)知识,就可以顺利地阅读本书.

2. 系统性.本书从代数、几何、数论几个方面对 F-数列进行全面的考察和系统的论述,结构严谨,脉络清晰,构成完整的理论体系.

3. 趣味性.本书注重数学趣味,包含了许多数学趣题、数学游戏、博弈问题等,增强了趣味性.

4. 经典性及成果性.本书包含了关于 F-数列的许多经典问

题,同时提出和解决了一些新颖的问题(如提出了由 Fibonacci 数生成的直角三角形的概念,具体讨论了 3 类这样的三角形的性质和判定,并且一般性地给出了这类三角形的递归表示;讨论了带模的 F-数列及其周期性与周期,并用以解决了 F-数列的尾数的周期性问题;给出了 k 方 F-数列的特征多项式的递归表示及递归方程的明显表示及其证明,等等),读者可以以本书为平台,进入自己感兴趣的研究领域.

　　限于篇幅,本书不涉及专深的问题;限于水平,书中难免存在不足或错漏,希望读者不吝指教. F-数列是一个值得研究的有趣的课题,还有许多问题没有解决,还有许多工作要做,其中一些问题是极其艰深的(例如,F-数列中的素数是否有无限多个,哪些 Fibonacci 数恰是其下标的倍数,等等).作者愿与读者一道努力,使这颗璀璨的明珠更加灿烂.

目　　次

第 1 章　Fibonacci 数列及其表示

　　本章讨论 Fibonacci 数列的定义及表示. 这个数列是用递归方法定义的, 定义本身即数列的递归表示, 因而递归方法成为研究这个数列的一种基本方法. 此外还有通项表示、矩阵表示、连分数表示等. 通项表示中最重要的是 Binet 公式, 它是数列的代数表示, 因而代数方法也是研究这个数列的重要方法. Fibonacci 数列的通项公式不唯一, 通项还可以用取整函数、组合式或行列式来表示. 当通项公式中的下标固定时, 它表示 Fibonacci 数, 故可以看成 Fibonacci 数的表示. 这些表示为 Fibonacci 数列建立了多方面的联系, 为考察数列开启了窗口, 为研究数列开辟了途径. 本章还利用 Cassini 恒等式 1 建立了 Fibonacci 数列的一阶递归表示, 并且用以证明了 Fibonacci 数的判定定理.

1.1　Fibonacci 数列的定义及背景

　　Fibonacci 数列是用递归方法定义的, 这个数列有着十分悠久的历史和广阔的实际背景. 本节我们讨论 Fibonacci 数列的定义、缘起及实际背景.

1.1.1 Fibonacci 数列的定义

由递归方程

$$\begin{cases} f_{n+2} = f_{n+1} + f_n, & n \geqslant 1 \\ f_1 = f_2 = 1 \end{cases} \tag{1}$$

定义的数列 $\{f_n : n \geqslant 1\}$ 称为 Fibonacci 数列(以下简称为 F-数列),其中的每个数(项)称为 Fibonacci 数.

方程式(1)表明,F-数列的前两项均为 1,而从第三项开始,每一项都等于其前面两项之和.据此,我们容易写出数列的前面的一些项:

 1,1,2,3,5,8,13,21,34,55,89,144,233,377,…

有时,为方便起见,我们还规定 $f_0 = 0$,这时,方程式(1)中的递推关系对 $n \geqslant 0$ 均成立.

1.1.2 F-数列的缘起

F-数列的历史可以追溯到 800 多年前"一对兔子引起的风波".

公元 1202 年,杰出的意大利数学家、比萨的列昂纳多出版了他的著作《算盘书》,提出了著名的"兔子问题",从而衍生出 Fibonacci 数列(Fibonacci 意为波那契之子,是作者的绰号).问题是这样的:

"某人有一对初生的兔子,养殖在四堵围墙封闭的庭院之中.成熟的兔子每月可产小兔一对,而初生的小兔要一个月才能成熟.如此经一年(12 个月)时间,问:庭院中的兔子能繁殖到多少对?"

我们逐月讨论兔子的对数,从中寻找规律.

1 月末时,庭院中有 1 对初生小兔;

2 月末时,1 月末新生的小兔成熟,庭院中仍只有 1 对成熟的兔子;

3 月末时,2 月末的兔子产下 1 对小兔,故兔子增加 1 对,共 2 对兔子;

4 月末时,3 月末新生的小兔成熟,而 2 月末的那 1 对兔子又产下 1 对小兔,故兔子增加 1 对,共 3 对兔子;

5 月末时,4 月末新生的小兔成熟,而 3 月末的那 2 对兔子又产下 2 对小兔,故兔子增加 2 对,共 5 对兔子;

一般地,以 f_{n+2} 记第 $n+2(n \geqslant 1)$ 月末时的兔子数,则第 $n+2$ 月末时,上月(第 $n+1$ 月)末新生的小兔成熟,而第 n 月末的 f_n 对兔子各产下 1 对小兔,故兔子增加了 f_n 对,达到 $f_{n+1}+f_n$ 对,即有

$$f_{n+2} = f_{n+1} + f_n, \quad n \geqslant 1 \tag{2}$$

据此逐月计算,如表 1.1 所示.

表 1.1

月末	1	2	3	4	5	6	7	8	9	10	11	12
兔的对数	1	1	2	3	5	8	13	21	34	55	89	144

由此可知年末时庭院里的兔子将繁殖到 144 对.

让此过程继续以至无穷,得到的数列就是 F-数列.

附录 3 给出 F-数列的前 50 项.一方面,我们可以从表中得到对于 F-数列的感性认识,例如,可以看到,随着下标的增大,项也增大,增长的速度大于等差数列的增长速度(有趣的是,F-数列的一阶差分即由每相邻两项的差组成的数列仍为 F-数列),但小于公比为 2 的等比数列的增长速度;另一方面,可以用它来观察、探求和验证关于 F-数列的各种性质,特别地,在应用数学归纳法时,用以

验证归纳基础.

1.1.3 F-数列的实际背景

F-数列产生于 800 多年前的"兔子问题",但后来发现,这个数列的递推关系存在于许多的实际问题与数学问题之中,有着十分广泛的实际背景.在植物、动物的生长、繁衍及许多自然现象和人类活动中都不乏 F-数列的踪迹,在此不一一列举.我们仅列举几个与数学有关的例子.

1. 登楼问题

假设我们要登 $n(n \geqslant 1)$ 级楼梯,而每步限登 1 级或 2 级,则登上 n 级楼梯共有多少种方法?

我们用 f_{n+1} 表示登上 n 级楼梯的方法数.

若 $n=1$,可一步而上,故只有一种方法,即 $f_2 = 1$.

若 $n=2$,可每步一级,逐级而上;或一步两级,一步而上,有两种方法,故 $f_3 = 2$.

一般地,考虑登上 $n+1$ 级楼梯的方法数 f_{n+2}.按第一步所登级数可将上楼的方法分为两类:

第一步登一级,则登上所剩 n 级有 f_{n+1} 种方法;

第一步登二级,则登上所剩 $n-1$ 级有 f_n 种方法.

于是得到

$$f_{n+2} = f_{n+1} + f_n, \quad n \geqslant 2 \tag{3}$$

若令 $f_1 = 1$,则式(3)对于 $n \geqslant 1$ 成立,而由此得到的数列也是 F-数列.

2. 由数字 1,2 组成的数

由数字 1,2 能够组成多少个各位数字之和为 n 的数?

如果我们将登上 n 级楼梯时每步所登级数(1 级或 2 级)逐次记录下来,就得到一个数,这个数的各位数字为 1 或 2,而各位数字之和恰等于 n;反之,每个这样的数均表示一种登上 n 级楼梯的方法,所以,"由数字 1,2 组成且各位数字之和为 n 的数"的个数,恰等于"登上 n 级楼梯,每步限登 1 级或 2 级"的方法数,前面已经看到,当 n 变化时,这些方法数组成 F-数列.

3. 排列问题

设有 n 个红球和 n 个白球,从中任取 n 个球排成一行,但红球不许相邻,问有多少种排列的方法(设同色的球不可辨)?

记此排列的方法数为 f_{n+2}.

若 $n=1$,则此球可为红球或白球,有 2 种方法,故 $f_3=2$.

若 $n=2$,则这两球可排成(白,白),(白,红)或(红,白),有 3 种方法,故 $f_4=3$.

一般地,考虑排 n 个球的方法数 f_{n+2}.按右起第一球的排法将排列分为两类:

若第一球为白球,则排其余 $n-1$ 球有 f_{n+1} 种方法;

若第一球为红球,则第二球必排白球,而排其余 $n-2$ 球有 f_n 种方法.

由此得到

$$f_{n+2} = f_{n+1} + f_n, \quad n \geqslant 3 \tag{4}$$

若令 $f_1=f_2=1$,则式(4)对于 $n\geqslant1$ 成立,而由此得到的数列也是 F-数列.

对于这个问题,在后面我们还将用一个十分巧妙的方法来解决(见第 6 章).

4. 一个取数问题

在 $1 \sim n$ 的整数中最多能取多少个数,使取出的数中的任意三个数都不能作为一个三角形的三边之长?

记不超过 n 的 Fibonacci 数的最大的下标为 k:

$$k = \max\{r : f_r \leqslant n\} \qquad (5)$$

并取出所有不超过 n 的不同的 Fibonacci 数(共 $k-1$ 个):

$$1, \quad 2, \quad 3, \quad 5, \quad \cdots, \quad f_k \qquad (6)$$

则对其中的任意三个数 $f_r, f_s, f_t (r < s < t)$,均有

$$f_r < f_s < f_t, \quad f_r + f_s \leqslant f_{t-2} + f_{t-1} = f_t \qquad (7)$$

故此三个数不能作为一个三角形的三边之长.

另一方面,如果我们在 $1 \sim n$ 的整数中取出 $a_1, a_2, \cdots, a_h$,并由小到大排列为

$$a_1 < a_2 < \cdots < a_h$$

使取出的这些数中的任意三个数都不能作为一个三角形的三边之长,则

$$a_1 \geqslant 1 = f_2, \quad a_2 \geqslant 2 = f_3$$

而对于任意的 $i(3 \leqslant i \leqslant h)$,若已有

$$a_{i-2} \geqslant f_{i-1}, \quad a_{i-1} \geqslant f_i$$

则由于 a_i, a_{i-1}, a_{i-2} 三个数不能作为一个三角形的三边之长,故知

$$n \geqslant a_i \geqslant a_{i-1} + a_{i-2} \geqslant f_i + f_{i-1} = f_{i+1}$$

因而有

$$h + 1 \leqslant k = \max\{r : f_r \leqslant n\}$$

故在 $1 \sim n$ 中按要求最多可取 $k-1$ 个数(在 1.3 节将给出 k 的一种表示法,在给定了 n 的值时,可以用来求 k 的值).

我们已经看到,F-数列历史悠久,来源广泛,许多实际问题和

数学问题都涉及这个数列,因而广泛引起了人们的关注和兴趣.但 F-数列的定义却很简单,我们将从这个简单的定义出发展开讨论,层层深入,建立起优美的理论.

1.2 F-数列的表示

本节我们讨论 F-数列的几种表示法.与其他数列一样,我们最感兴趣的是数列的通项表示,即将数列的一般项表示为下标(即项的编号)的函数,对于 F-数列,这就是著名的 Binet 公式;作为递归数列,F-数列也可以用特征方程、特征多项式及母函数来表示;以后我们还将给出 F-数列的矩阵表示及连分数表示.F-数列是二阶线性常系数递归数列,但有趣的是它存在一阶递归表示,在本节中,我们将利用 Cassini 恒等式 1 得到这个表示.

1.2.1 F-数列的通项表示——Binet 公式

F-数列有许多不同的表示法,每种表示法都为这个数列的研究提供了一种工具,所以,讨论 F-数列的表示具有方法论的意义.F-数列是典型的二阶常系数线性齐次递归数列,所以,递归方法是研究 F-数列的基本方法.下面我们讨论 F-数列的通项表示,建立通项公式,以便在研究中引入代数方法.

1. 满足递归关系的等比数列

前面已经给出 F-数列的定义:

$$\begin{cases} f_{n+2} = f_{n+1} + f_n, & n \geqslant 1 \\ f_1 = f_2 = 1 \end{cases} \tag{1}$$

首先注意方程式(1)由两部分组成:一部分是 $\{f_n : n \geqslant 1\}$ 所满

足的递归方程

$$x_{n+2} = x_{n+1} + x_n \qquad (2)$$

另一部分是其前面两项的数值 $f_1 = f_2 = 1$,称为初始条件.根据数学归纳法原理,两部分合在一起,唯一地确定了 F-数列.

如果只有递推式(2),则不足以唯一地确定一个数列,即满足式(2)的数列不止一个:给定不同的始值,根据式(2),可以产生不同的数列.在满足式(2)的数列中,我们自然希望找出比较简单又为我们所熟悉的数列,例如等比数列.

设公比为 x 的等比数列 $\{x^n : n \geq 0\}$ 满足递归方程式(2),则 x 适合方程

$$x^{n+2} - x^{n+1} - x^n = 0$$

当 $x \neq 0$ 时,即有

$$x^2 - x - 1 = 0 \qquad (3)$$

由此解出式(3)的两根为

$$\alpha = \frac{1}{2}(1 + \sqrt{5}), \quad \beta = \frac{1}{2}(1 - \sqrt{5}) \qquad (4)$$

于是我们一次找出了两个满足递推式(3)的等比数列 $\{\alpha^n : n \geq 0\}$,$\{\beta^n : n \geq 0\}$.

2. F-数列的通项表示——Binet 公式

注意到式(2)是"线性"的(即式(2)的每项均为一次),若数列 x'_n, x''_n 均满足式(2),即

$$x'_{n+2} = x'_{n+1} + x'_n, \quad x''_{n+2} = x''_{n+1} + x''_n$$

则其线性组合

$$x_n = ax'_n + bx''_n, \quad n \geq 0, a, b \text{ 为常数}$$

也满足式(2),即

$$x_{n+2} = ax'_{n+2} + bx''_{n+2} = a(x'_{n+1} + x'_n) + b(x''_{n+1} + x''_n)$$
$$= (ax'_{n+1} + bx''_{n+1}) + (ax'_n + bx''_n) = x_{n+1} + x_n$$

所以,我们可以构成无穷多个满足式(2)的数列$\{x_n = a\alpha^n + b\beta^n:$ $n \geq 0\}$(a, b 为任意常数). 如果我们从中挑出满足初始条件

$$x_0 = x_1 = 1 \tag{5}$$

的数列,则它就是 F-数列:$x_n = f_{n+1}(n \geq 0)$. 为此,只需适当地选择常数 a, b,使式(5)成立,即 a, b 满足

$$\begin{cases} a + b = 1 \\ a \cdot \dfrac{\sqrt{5}+1}{2} - b \cdot \dfrac{\sqrt{5}-1}{2} = 1 \end{cases} \tag{6}$$

由式(6)解出

$$a = \frac{1+\sqrt{5}}{2\sqrt{5}}, \quad b = -\frac{1-\sqrt{5}}{2\sqrt{5}} \tag{7}$$

于是

$$f_n = x_{n-1} = a\alpha^{n-1} + b\beta^{n-1}$$
$$= \frac{1+\sqrt{5}}{2\sqrt{5}}\left(\frac{1+\sqrt{5}}{2}\right)^{n-1} - \frac{1-\sqrt{5}}{2\sqrt{5}}\left(\frac{1-\sqrt{5}}{2}\right)^{n-1}$$

即

$$f_n = \frac{1}{\sqrt{5}}\left(\left(\frac{1+\sqrt{5}}{2}\right)^n - \left(\frac{1-\sqrt{5}}{2}\right)^n\right) = \frac{1}{\sqrt{5}}(\alpha^n - \beta^n), \quad n \geq 1$$

这就是 F-数列的通项公式,即著名的 Binet 公式.

　　Binet 公式的意义还在于它揭示了 F-数列与等比数列之间深刻的联系,刻画了 F-数列的结构:F-数列本质上是具有不同公比的两个等比数列的和.

1.2.2 特征方程与母函数

我们已经给出 F-数列的定义及通项公式,它们都是 F-数列的表示.下面再给出几种有用的表示法.

1. 特征方程表示

称方程

$$x^2 - x - 1 = 0 \tag{8}$$

为 F-数列的特征方程,其两根

$$\alpha = \frac{1}{2}(1 + \sqrt{5}), \quad \beta = \frac{1}{2}(1 - \sqrt{5}) \tag{9}$$

称为 F-数列的两个特征根,由 Vieta(韦达)定理可知

$$\alpha + \beta = 1, \quad \alpha\beta = -1 \tag{10}$$

一般地,如果数列 $\{x_n : n \geqslant 1\}$ 有线性递归方程

$$x_{n+k} = a_1 x_{n+k-1} + a_2 x_{n+k-2} + \cdots + a_k x_n \tag{11}$$

则称方程

$$x^k - a_1 x^{k-1} - a_2 x^{k-2} - \cdots - a_k = 0 \tag{12}$$

为数列的特征方程;特征方程左边的多项式称为数列的特征多项式;特征方程的根称为数列的特征根.反之,由数列的特征方程式(12)(或特征多项式,或全体特征根)可以唯一地确定数列的递归方程式(11),即数列的递归方程和特征方程相互唯一确定,知道了数列的特征方程或全体特征根,也就知道了数列的递归方程,所以,可以通过求特征方程来确定数列的递归关系.

应该指出的是,和递归方程一样,数列的特征方程并不能决定数列本身,要决定这个数列,除特征方程外,还需要加上初始条件:特征方程和初始条件才是数列的完整的刻画.

2. 母函数表示

一般地,以一个数列的各项依次为系数的形式幂级数所表示的函数称为数列的母函数.如果已知数列的母函数,则将它展开为形式幂级数即可得到原来的数列.

设 F-数列的母函数为

$$F(x) = f_1 x + f_2 x^2 + f_3 x^3 + \cdots + f_n x^n + \cdots \tag{13}$$

则

$$xF(x) = f_1 x^2 + f_2 x^3 + f_3 x^4 + \cdots + f_n x^{n+1} + \cdots \tag{14}$$

$$x^2 F(x) = f_1 x^3 + f_2 x^4 + f_3 x^5 + \cdots + f_n x^{n+2} + \cdots \tag{15}$$

利用递推式(2),由式(13)~式(15)得

$$(1 - x - x^2)F(x) = 1$$

故得 F-数列的母函数为

$$F(x) = \frac{x}{1 - x - x^2} \tag{16}$$

1.2.3　F-数列的矩阵表示与一阶递归表示

1. 矩阵表示

矩阵是一种很有用的数学工具,本节讨论 F-数列的矩阵表示,以便在以后的研究中可以使用矩阵方法.

令

$$A = \begin{pmatrix} 1 & 1 \\ 1 & 0 \end{pmatrix} \tag{17}$$

对 $n \geqslant 0$,记 A 的 n 次幂为(0 次幂为单位矩阵 I)

$$A^n = \begin{pmatrix} a_{11}^{(n)} & a_{12}^{(n)} \\ a_{21}^{(n)} & a_{22}^{(n)} \end{pmatrix} \tag{18}$$

考虑 A 的右上角的元素,易知

$$a_{12}^{(0)} = 0, \quad a_{12}^{(1)} = 1 \tag{19}$$

矩阵 A 的特征方程为

$$|A - \lambda I| = \begin{vmatrix} 1-\lambda & 1 \\ 1 & -\lambda \end{vmatrix} = \lambda^2 - \lambda - 1 \tag{20}$$

由熟知的 Cayley-Hamilton(凯莱-哈密顿)定理(或直接由矩阵的运算),可得

$$A^2 - A - I = 0, \quad I \text{ 为单位矩阵}$$

故对于 $n \geqslant 0$ 恒有

$$A^{n+2} - A^{n+1} - A^n = 0$$

即

$$A^{n+2} = A^{n+1} + A^n \tag{21}$$

比较式(21)两边矩阵右上角的元素,得

$$a_{12}^{(n+2)} = a_{12}^{(n+1)} + a_{12}^{(n)}, \quad n \geqslant 0 \tag{22}$$

由式(19)和式(22),可知数列 $\{a_{12}^{(n)} : n \geqslant 0\}$ 是 F-数列:$f_n = a_{12}^{(n)}$ ($n \geqslant 1$).同理可知,A^n 的其他每个位置上相应的一列元素都构成 F-数列,并且有

$$A^n = \begin{pmatrix} f_{n+1} & f_n \\ f_n & f_{n-1} \end{pmatrix}, \quad n \geqslant 1 \tag{23}$$

我们称式(23)为 F-数列的矩阵表示.

2. Cassini 恒等式 1

由定义可知,F-数列是二阶线性递归数列.但有趣的是,F-数列还可以表示为一阶递归数列.这时需要建立一个重要的恒等式

$$f_{n+1}f_{n-1} - f_n^2 = (-1)^n, \quad n \geqslant 2 \tag{24}$$

称此式为 Cassini 恒等式 1,它表示 F-数列任意相邻三项之间的关

系.我们用矩阵法证明这个恒等式.

证明　根据 F-数列的矩阵表示:

$$A^n = \begin{pmatrix} f_{n+1} & f_n \\ f_n & f_{n-1} \end{pmatrix}$$

其中

$$A = \begin{pmatrix} 1 & 1 \\ 1 & 0 \end{pmatrix}$$

取行列式得

$$|A| = -1, \quad |A^n| = f_{n+1}f_{n-1} - f_n^2$$

由 $|A^n| = |A|^n$,即得

$$f_{n+1}f_{n-1} - f_n^2 = (-1)^n$$

在第 2 章中,我们还将进一步讨论这个恒等式.

3. F-数列的一阶递归表示

Cassini 恒等式 1 给出了 F-数列相邻三项之间的关系.利用这个恒等式,我们可以建立 F-数列的一阶递归表示.

由 Cassini 恒等式 1 及 F-数列的递归关系式可得

$$f_n^2 - f_{n-1}f_{n+1} + (-1)^n = f_n^2 - f_{n-1}(f_{n-1} + f_n) + (-1)^n$$
$$= f_n^2 - f_{n-1}f_n - (f_{n-1}^2 - (-1)^n) = 0 \tag{25}$$

故 f_n 为二次方程

$$Z^2 - f_{n-1}Z - (f_{n-1}^2 - (-1)^n) = 0$$

的正根,因而

$$f_n = \frac{1}{2}(f_{n-1} + \sqrt{5f_{n-1}^2 - 4 \times (-1)^n}) \tag{26}$$

在这个式子中,f_n 由 f_{n-1} 表示,所以我们已建立了 F-数列的一阶递

归表示：

$$
\begin{cases}
f_n = \dfrac{1}{2}\left(f_{n-1} + \sqrt{5f_{n-1}^2 - 4 \times (-1)^n}\right) \\
f_2 = 1
\end{cases}
\tag{27}
$$

若将式(25)写成

$$
f_{n-1}^2 + f_n f_{n-1} - \left(f_n^2 + (-1)^n\right) = 0
$$

则可知 f_{n-1} 为二次方程

$$
Z^2 + f_n Z - \left(f_n^2 + (-1)^n\right) = 0
$$

的正根,因而

$$
f_{n-1} = \frac{1}{2}\left(-f_n + \sqrt{5f_n^2 + 4 \times (-1)^n}\right)
\tag{28}
$$

所以 f_{n-1} 也可以用 f_n 来表示.

因为 Fibonacci 数都是自然数,故由式(26)可知,$5f_n^2 + 4 \times (-1)^n$ 必为完全平方数:

当 n 为奇数时,$5f_n^2 - 4$ 为完全平方数;

当 n 为偶数时,$5f_n^2 + 4$ 为完全平方数.

概而言之,若 M 为 Fibonacci 数,则 $5M^2 \pm 4$ 中必有一个为完全平方数,这是 M 为 Fibonacci 数的必要条件;如果 $5M^2 \pm 4$ 都不是完全平方数,即可确定 M 不是 Fibonacci 数.1.4 节将证明这个条件也是充分的,因而是充要条件.

上面给出了 F-数列的各种表示法,以后还将给出 F-数列的连分数表示.这些表示法各有用处:递推表示使我们在对 F-数列的研究中广泛使用数学归纳法,通项表示使我们可以使用代数的恒等变换的方法,而特征方程法、母函数法、矩阵法也都各有用场.这些方法各有所长,各显其能,在 F-数列的研究中有很大的作用.

1.3　Fibonacci 数及其表示

F-数列的每一项称为 Fibonacci 数. 当 n 固定时, Binet 公式是 Fibonacci 数的代数表示. 本节讨论 Fibonacci 数的其他几种表示: 取整表示、组合表示及行列式表示. 这些表示都是 F-数列的通项公式.

1.3.1　Fibonacci 数

1. Fibonacci 数的界

由 F-数列的递归表示可知

$$f_n = f_{n-1} + f_{n-2} \leqslant 2f_{n-1} \leqslant \cdots \leqslant 2^{n-1}f_1 = 2^{n-1}$$

$$f_n = f_{n-1} + f_{n-2} \geqslant 2f_{n-2} \geqslant 2^2 f_{n-4} \geqslant \cdots \geqslant 2^{\left[\frac{1}{2}(n-1)\right]} f_1$$

$$= 2^{\left[\frac{1}{2}(n-1)\right]} \tag{1}$$

综上得

$$2^{\left[\frac{1}{2}(n-1)\right]} \leqslant f_n \leqslant 2^{n-1} \tag{2}$$

此式给出了 f_n 的上、下界, 但所给的估计是十分粗糙的.

2. Fibonacci 数的近似值

Binet 公式给出了 Fibonacci 数的明显表达式; f_n 表示序号为 n 的代数式:

$$f_n = \frac{1}{\sqrt{5}}\left(\left(\frac{1+\sqrt{5}}{2}\right)^n - \left(\frac{1-\sqrt{5}}{2}\right)^n\right) \tag{3}$$

这个式子很优美, 但并不容易计算, 注意到

$$\left|\frac{1-\sqrt{5}}{2}\right| = 0.618\cdots < 1 \tag{4}$$

故当 n 变大时, $\left|\dfrac{1-\sqrt{5}}{2}\right|^{n}$ 趋向于 0,而 f_n 可以近似地表示为

$$f_n \approx \frac{1}{\sqrt{5}}\left(\frac{1+\sqrt{5}}{2}\right)^{n} \tag{5}$$

1.3.2　Fibonacci 数的取整表示

1. 取整表示

我们估计式(5)的误差.由式(3)和式(4)可知

$$\left|f_n - \frac{1}{\sqrt{5}}\left(\frac{1+\sqrt{5}}{2}\right)^{n}\right| = \frac{\left|\dfrac{1-\sqrt{5}}{2}\right|^{n}}{\sqrt{5}} < \frac{1}{2} \tag{6}$$

故 f_n 是与 $\dfrac{1}{\sqrt{5}}\left(\dfrac{1+\sqrt{5}}{2}\right)^{n}$ 最接近的整数,且由式(3)可知:

当 n 为奇数时

$$f_n > \frac{1}{\sqrt{5}}\left(\frac{1+\sqrt{5}}{2}\right)^{n} \tag{7}$$

当 n 为偶数时

$$f_n < \frac{1}{\sqrt{5}}\left(\frac{1+\sqrt{5}}{2}\right)^{n} \tag{8}$$

若利用取整函数 $[x]$,则由式(6)和式(7)可得

$$f_n = \begin{cases} \left[\dfrac{1}{\sqrt{5}}\left(\dfrac{1+\sqrt{5}}{2}\right)^{n}\right] + 1, & n \text{ 为奇数} \\[4mm] \left[\dfrac{1}{\sqrt{5}}\left(\dfrac{1+\sqrt{5}}{2}\right)^{n}\right], & n \text{ 为偶数} \end{cases} \tag{9}$$

称式(9)为 Fibonacci 数的"取整表示".

2. Fibonacci 数的位数的估计

由对数理论,一个正整数的位数,等于其对数的首数加上 1,又

f_n 的近似值式(5)的误差不超过 $1/2$,故我们不妨直接用它的位数作为 f_n 的位数.

关于 Fibonacci 数的位数估计,我们有下面的定理.

定理　当 $n \geqslant 17$ 时,f_n 的位数不小于 $n/5$,不大于 $n/4$.

证明　由

$$\sqrt{5} \approx 2.236\,1, \quad \lg \sqrt{5} \approx 0.349\,49$$

$$\frac{1+\sqrt{5}}{2} \approx 1.618, \quad \lg \frac{1+\sqrt{5}}{2} \approx 0.208\,98$$

$$\lg f_n \approx 0.208\,98n - 0.349\,49$$

f_n 的位数为

$$[\lg f_n] + 1 \approx [0.208\,98n - 0.349\,49] + 1$$
$$= [0.208\,98n + 0.650\,51]$$

若要位数不小于 $n/5$,则要求

$$[0.208\,98n + 0.650\,51] \geqslant \frac{n}{5}$$

当 n 为 5 的倍数时,$n/5$ 为整数,上式显然成立;

当 n 不为 5 的倍数时,$n/5$ 的小数部分至少为 0.2,故 $\left[\frac{n}{5}+0.8\right] > \frac{n}{5}$,欲使上式成立,只需

$$0.208\,98n + 0.650\,51 \geqslant \frac{n}{5} + 0.8$$

即

$$0.008\,98n \geqslant 0.149\,49$$

此时 $n \geqslant 17$;

若要位数不大于 $n/4$,则要求

$$[0.208\,98n + 0.650\,51] \leqslant \frac{n}{4}$$

只需

$$0.208\,98n + 0.650\,51 \leqslant \frac{n}{4}$$

此时 $n \geqslant 16$.

综上所述,定理得证.

3. 应用

作为应用,我们证明以下定理.

定理　对于任给的自然数 n,不超过 n 的 Fibonacci 数的最大下标 k 为

$$k = \left\lceil \frac{\lg\left(n + \frac{1}{2}\right)\sqrt{5}}{\lg\left(\frac{1+\sqrt{5}}{2}\right)} \right\rceil \tag{10}$$

证明　若 $f_k \leqslant n$,则由式(6)知

$$\frac{1}{\sqrt{5}}\left(\frac{1+\sqrt{5}}{2}\right)^k < f_k + \frac{1}{2} \leqslant n + \frac{1}{2}$$

故

$$\left(\frac{1+\sqrt{5}}{2}\right)^k < \sqrt{5}\left(n + \frac{1}{2}\right)$$

$$k < \frac{\lg\left(n + \frac{1}{2}\right)\sqrt{5}}{\lg\left(\frac{1+\sqrt{5}}{2}\right)}$$

于是得

$$k = \left\lceil \frac{\lg\left(n + \frac{1}{2}\right)\sqrt{5}}{\lg\left(\frac{1+\sqrt{5}}{2}\right)} \right\rceil$$

回到 1.1 节中的例子,由定理可知:在 $1 \sim n$ 的自然数中,最多

可取 $k-1=\left\lceil\dfrac{\lg\left(n+\dfrac{1}{2}\right)\sqrt{5}}{\lg\left(\dfrac{1+\sqrt{5}}{2}\right)}\right\rceil-1$ 个数,使取出的数中的任意三个

数,都不能作为一个三角形的三边的长度.

1.3.3 组合数表示

Fibonacci 数与组合数也有密切的关系.

我们都熟悉杨辉三角形,通常将它排成等腰三角形的形状. 在此,为了更加醒目,我们将杨辉三角形排成直角三角形的形状:

$$
\begin{array}{ccccccc}
&&&&1&&\\
&&&&1&1&\\
C_0^0&&&&1&2&1\\
C_1^0&C_1^1&&&1&3&3&1\\
C_2^0&C_2^1&C_2^2&&1&4&6&4&1\\
C_3^0&C_3^1&C_3^2&C_3^3&1&5&10&10&5&1\\
\end{array}
$$

$\cdots\cdots$ $\cdots\cdots$

这个直角三角形最左边的一列元素都是1,我们自上而下依次从每个1开始,沿与水平方向成 45° 的直线前进,分别将直线上的数相加,可得

$$
\begin{aligned}
1&=f_1\\
1&=f_2\\
1+1=2&=f_3\\
1+2=3&=f_4\\
1+3+1=5&=f_5\\
1+4+3=8&=f_6
\end{aligned}
$$
(11)

$\cdots\cdots$

一般地,第 n 条直线上的各数之和为

$$C_{n-1}^0 + C_{n-2}^1 + C_{n-3}^2 + \cdots \tag{12}$$

而第 $n+1$ 条直线上的各数之和为

$$C_n^0 + C_{n-1}^1 + C_{n-2}^2 + \cdots \tag{13}$$

若这两条直线上的各数之和分别为 f_n 和 f_{n+1},则由

$$C_n^0 = C_{n+1}^0 = 1 \tag{14}$$

及杨辉恒等式

$$C_{k+1}^r = C_k^r + C_k^{r-1} \tag{15}$$

可得

$$
\begin{aligned}
& C_{n+1}^0 + C_n^1 + C_{n-1}^2 + \cdots \\
& = (C_n^0 + C_{n-1}^1 + C_{n-2}^2 + \cdots) + (C_{n-1}^0 + C_{n-2}^1 + C_{n-3}^2 + \cdots) \\
& = f_{n+1} + f_n = f_{n+2}
\end{aligned} \tag{16}
$$

由数学归纳法原理,我们已经证明:对任意自然数 $n \geqslant 1$,均有

$$f_n = C_{n-1}^0 + C_{n-2}^1 + C_{n-3}^2 + \cdots$$

$$
= \begin{cases}
C_{n-1}^0 + C_{n-2}^1 + C_{n-3}^2 + \cdots + C_{\frac{n-1}{2}}^{\frac{n-1}{2}}, & n \text{ 为奇数} \\[2mm]
C_{n-1}^0 + C_{n-2}^1 + C_{n-3}^2 + \cdots + C_{\frac{n}{2}}^{\frac{n-2}{2}}, & n \text{ 为偶数}
\end{cases} \tag{17}
$$

称式(17)为 Fibonacci 数的组合数表示.

作为 F-数列的母函数表示的一个应用,我们给出式(17)的基于 F-数列母函数表示的一个十分简洁的证明.用 $F(x)$ 表示 F-数列的母函数,则有

$$
F(x) = \frac{x}{1-x-x^2} = x \sum_{i=0}^{\infty} (x + x^2)^i = x^{i+1} \sum_{i=0}^{\infty} \sum_{j=0}^{i} C_i^j x^j
$$

$$
= \sum_{j=0}^{\infty} \sum_{i=j}^{\infty} C_i^j x^{i+j+1}
$$

令 $i+j+1=n$,即 $i=n-1-j$,并比较等式两边 x 的系数,即得

$$f_n = \sum_{j \geqslant 0} C_{n-1-j}^{j}$$

此即式(17).

1.3.4　行列式表示

容易验证

$$f_3 = \begin{vmatrix} 1 & -1 \\ 1 & 1 \end{vmatrix}, \quad f_4 = \begin{vmatrix} 1 & -1 & 0 \\ 1 & 1 & -1 \\ 0 & 1 & 1 \end{vmatrix} \tag{18}$$

一般地,若对 $n=2,3,\cdots$,考察行列式

$$\Delta_n = \begin{vmatrix} 1 & -1 & 0 & 0 & \cdots & 0 & 0 & 0 \\ 1 & 1 & -1 & 0 & \cdots & 0 & 0 & 0 \\ 0 & 1 & 1 & -1 & \cdots & 0 & 0 & 0 \\ 0 & 0 & 1 & 1 & \cdots & 0 & 0 & 0 \\ \vdots & \vdots & \vdots & \vdots & & \vdots & \vdots & \vdots \\ 0 & 0 & 0 & 0 & \cdots & 1 & 1 & -1 \\ 0 & 0 & 0 & 0 & \cdots & 0 & 1 & 1 \end{vmatrix}_{n \times n} \tag{19}$$

则将式(19)的右边按第一列展开,可得

$$\Delta_n = \Delta_{n-1} + \Delta_{n-2} \tag{20}$$

这就是 F-数列的递归方程,故有 $f_n = \Delta_{n-1}(n \geqslant 3)$. 如果记 $\Delta_0 = \Delta_1 = 1$,那么行列式序列 $\{\Delta_n : n \geqslant 0\}$ 就是 F-数列,称式(19)为 Fibonacci 数的行列式表示.

　　显然,上面的这些表示都是 F-数列的通项公式,所以 F-数列的通项公式不是唯一的.

1.4　Fibonacci 数的判定

任给自然数 M,问:M 是否为 Fibonacci 数?

这是 Fibonacci 数的判定问题.回答这个问题的最直接的方法是:按递推关系式将 F-数列写到出现比 M 大的项为止.如果 M 出现在数列中,则 M 是 Fibonacci 数;否则不是.但这个方法在理论上没有意义,并且当 M 很大时,此法并不可行.在 1.2 节中,我们曾给出 Fibonacci 数的必要条件,并指出此条件也是充分的.现在,我们就从讨论 F-数列与不定方程的关系入手,证明条件的充分性,从而给出 Fibonacci 数的一个判据.

1.4.1　奇阶和偶阶 F-数列

我们把下标为奇数(或偶数)的 Fibonacci 数所组成的数列称为奇阶(或偶阶)F-数列.由 F-数列的递归式可知

$$f_{n+2} = f_n + f_{n+1} = f_n + (f_n + f_{n-1})$$
$$= f_n + f_n + (f_n - f_{n-2}) = 3f_n - f_{n-2}$$

故奇阶或偶阶 F-数列满足相同的递归式

$$f_{n+2} = 3f_n - f_{n-2} \tag{1}$$

而它们的初始条件则不同,分别为

$$f_1 = 1, \quad f_3 = 2 \tag{2}$$

及

$$f_2 = 1, \quad f_4 = 3 \tag{3}$$

由递归式(1)可得

$$f_{n+2}f_{n-2} - f_n^2 = (3f_n - f_{n-2})f_{n-2} - f_n^2$$

$$= f_n(3f_{n-2} - f_n) - f_{n-2}^2$$
$$= f_n f_{n-4} - f_{n-2}^2 = \cdots$$

故当 n 的奇偶性确定时,$f_{n+2}f_{n-2} - f_n^2$的值与 n 无关,且

$$f_{n+2}f_{n-2} - f_n^2 = f_5 f_1 - f_3^2 = 5 \times 1 - 2^2 = 1, \qquad n \text{ 为奇数}$$
$$f_{n+2}f_{n-2} - f_n^2 = f_6 f_2 - f_4^2 = 8 \times 1 - 3^2 = -1, \quad n \text{ 为偶数}$$

$$(4)$$

1.4.2　F-数列与不定方程

在 1.2 节中我们曾得到 F-数列的一阶递归表示:

$$\begin{cases} f_n = \dfrac{1}{2}\left(f_{n-1} + \sqrt{5f_{n-1}^2 - 4 \times (-1)^n}\right) \\ f_1 = 1 \end{cases} \tag{5}$$

记

$$y_n = \sqrt{5f_n^2 - 4 \times (-1)^{n+1}} \tag{6}$$

则

$$y_n = 2f_{n+1} - f_n = f_{n+1} + f_{n-1} \tag{7}$$

而

$$5f_n^2 - 4 \times (-1)^{n+1} = y_n^2 = (f_{n-1} + f_{n+1})^2 \tag{8}$$

故(f_n, y_n)是方程

$$5X^2 - Y^2 = (-1)^{n+1} \times 4 \tag{9}$$

的解,或详而言之:

当 n 为奇数时,(f_n, y_n)是 Pell 方程

$$5X^2 - Y^2 = 4 \tag{10}$$

的解;

当 n 为偶数时,(f_n, y_n)是 Pell 方程

$$5X^2 - Y^2 = -4 \qquad (11)$$

的解.

我们先讨论 n 为奇数的情形,这时,奇阶 Fibonacci 数 f_n 都满足方程式(10),因而方程式(10)有无穷多组解:

$$x_n = f_{2n-1}, \quad y_n = f_{2(n-1)} + f_{2n} \qquad (12)$$

由于 y_n 由 x_n 及方程本身所确定,故我们只讨论 x_n,而 x_n 是奇阶 Fibonacci 数,故有递归式

$$\begin{cases} x_{n+1} = 3x_n - x_{n-1} \\ x_1 = 1, x_2 = 2 \end{cases} \qquad (13)$$

式(13)用二阶递归式的方式给出了式(10)的无穷多组解,但式(13)也可以用一阶递归式表示. 由 F-数列的递归表示及式(8)可得

$$\begin{aligned} f_n &= \frac{1}{2}(3f_{n-2} + (f_{n-3} + f_{n-1})) \\ &= \frac{1}{2}(3f_{n-2} + \sqrt{5f_{n-2}^2 - 4 \times (-1)^{n-1}}) \end{aligned} \qquad (14)$$

当 n 为奇数时,式(14)成为

$$f_{2n+1} = \frac{1}{2}(3f_{2n-1} + \sqrt{5f_{2n-1}^2 - 4}) \qquad (15)$$

即

$$\begin{cases} x_{n+1} = \frac{1}{2}(3x_n + \sqrt{5x_n^2 - 4}) \\ x_1 = 1 \end{cases} \qquad (16)$$

式(16)也给出了式(10)的无穷多组解.

由同样的讨论可知,当 n 为偶数时,递归式

$$\begin{cases} x_{n+1} = 3x_n - x_{n-1} \\ x_1 = 1, x_2 = 3 \end{cases} \qquad (17)$$

或

$$\begin{cases} x_{n+1} = \dfrac{1}{2}(3x_n + \sqrt{5x_n^2 + 4}) \\ x_1 = 1 \end{cases} \tag{18}$$

给出方程 $5X^2 - Y^2 = -4$ 的无穷多组解.

1.4.3　Fibonacci 数的判定

我们已经找出方程 $5X^2 - Y^2 = 4$ 和 $5X^2 - Y^2 = -4$ 的无穷多组解,但它们是否为方程的全部解呢? 答案是肯定的,我们现在就来证明它.

和前面一样,由 F-数列的递归式及式(8)可知

$$\begin{aligned} f_{n-2} &= \frac{1}{2}(3f_n - (f_{n-1} + f_{n+1})) \\ &= \frac{1}{2}(3f_n - \sqrt{5f_n^2 + 4 \times (-1)^n}) \end{aligned} \tag{19}$$

当 n 为奇数时

$$f_{2n-1} = \frac{1}{2}(3f_{2n+1} - \sqrt{5f_{2n+1}^2 - 4}) \tag{20}$$

即

$$x_{n-1} = \frac{1}{2}(3x_n - \sqrt{5x_n^2 - 4}) \tag{21}$$

现设 x(x 不必为 Fibonacci 数)是方程 $5X^2 - Y^2 = 4$ 的解,令

$$x' = \frac{1}{2}(3x - \sqrt{5x^2 - 4}) \tag{22}$$

则 $5x^2 - 4 = y^2$ 为正整数,且 x, y 同奇偶性. 这时

$$5x'^2 - 4 = 5\left(\frac{1}{2}(3x - y)\right)^2 - 4 = \frac{5}{4}(9x^2 + 5x^2 - 4 - 6xy) - 4$$

$$= \frac{1}{4}(70x^2 - 30xy - 36)$$

$$= \frac{1}{4}(25x^2 - 30xy + 9(5x^2 - 4))$$

$$= \frac{1}{4}(5x - 3y)^2 = \left(\frac{1}{2}(5x - 3y)\right)^2$$

记 $y' = \left| \frac{1}{2}(5x - 3y) \right|$，易知 y' 为正整数，则 (x', y') 亦为方程 $5X^2 - Y^2 = 4$ 的解.

现在我们证明式(13)或式(16)实际上给出了方程式(10)的全部解.

首先我们指出，函数

$$G(x) = \frac{1}{2}(3x - \sqrt{5x^2 - 4}) \tag{23}$$

当 $x \geqslant 2$ 时严格增加，并且已经证明，当 x 为式(10)的解时，$G(x)$ 也是式(10)的解，且由式(20)知，对于式(16)中的 x_n，$G(x_n) = x_{n-1}$.

若式(16)不是式(10)的全部解，则有式(10)的解 $x \geqslant 2$ 不含在式(16)中. 故有式(16)中的解 x_n, x_{n+1}，使

$$x_n < x < x_{n+1}$$

因而

$$G(x_n) < G(x) < G(x_{n+1})$$

即有式(10)的解 $x' = G(x)$ 使 $x_{n-1} < x' < x_n$.

继续这一推理过程，可知有式(23)的解 $\bar{x}$，使

$$1 = x_1 < \bar{x} < x_2 = 2$$

这是不可能的. 因而我们证明了式(13)或式(16)已给出方程式(10)的全部解.

完全类似地,式(17)或式(18)也已经给出方程式(11)的全部解.

总结上面的讨论,可得下面的结论:

f 是奇阶 Fibonacci 数,当且仅当 f 是方程 $5X^2 - Y^2 = 4$ 的解,即 $5f^2 - 4$ 为平方数;

f 是偶阶 Fibonacci 数,当且仅当 f 是方程 $5X^2 - Y^2 = -4$ 的解,即 $5f^2 + 4$ 为平方数.

所以对 Fibonacci 数有下面的判别准则:

定理　f 是 Fibonacci 数,当且仅当 $5f^2 - 4$ 或 $5f^2 + 4$ 为平方数.

第 2 章 Fibonacci 数列的代数性质

F-数列的代数性质指数列的项之间的代数关系,这些关系表现为恒等式.本章讨论 F-数列的代数性质.首先给出数列的部分和及涉及求和的恒等式;然后分别讨论三个最重要的恒等式:Cassini 恒等式 1,2 及 Catalan 恒等式;并且定义了与 F-数列密切相关的 Lucas(卢卡斯)数列,建立了关于这个数列及它与 F-数列之间关系的若干恒等式,在后面的论述中我们将用到这些恒等式;最后我们讨论 F-数列与连分数,给出 F-数列的连分数表示,连分数也是研究 F-数列的一种代数方法.

2.1 F-数列的部分和

数列的求和是关于数列的一个基本问题,本节对 F-数列讨论这个问题,建立求和公式及涉及求和的一些恒等式.

2.1.1 F-数列的部分和

1. F-数列的求和公式

F-数列有下面的求和公式:

$$f_1 + f_2 + \cdots + f_n = f_{n+2} - 1 \tag{1}$$

由 Binet 公式可知,F-数列实际上为两个等比数列的和,所以式(1)可由等比数列的求和公式得出. 但作为递归数列, F-数列有其固有的性质和方法, 我们给出下面的两个证明.

证明 1　由 F-数列的递推式可得

$$f_1 = f_3 - f_2$$
$$f_2 = f_4 - f_3$$
$$f_3 = f_5 - f_4$$
$$\cdots\cdots$$
$$f_{n-1} = f_{n+1} - f_n$$
$$f_n = f_{n+2} - f_{n+1}$$

各式相加, 即得

$$f_1 + f_2 + \cdots + f_n = f_{n+2} - 1$$

证明 2(矩阵法)　由 F-数列的矩阵表示有

$$\boldsymbol{A} = \begin{pmatrix} 1 & 1 \\ 1 & 0 \end{pmatrix}, \quad \boldsymbol{A}^n = \begin{pmatrix} f_{n+1} & f_n \\ f_n & f_{n-1} \end{pmatrix}$$

易知代数公式

$$1 - x^n = (1 - x)(1 + x + \cdots + x^{n-1})$$

对矩阵仍然成立, 即有

$$\boldsymbol{I} - \boldsymbol{A}^n = (\boldsymbol{I} - \boldsymbol{A})(\boldsymbol{I} + \boldsymbol{A} + \cdots + \boldsymbol{A}^{n-1}), \quad \boldsymbol{I} \text{ 为单位矩阵}$$

故

$$\boldsymbol{I} + \boldsymbol{A} + \cdots + \boldsymbol{A}^n = (\boldsymbol{I} - \boldsymbol{A})^{-1}(\boldsymbol{I} - \boldsymbol{A}^{n+1})$$

容易求出逆矩阵

$$(\boldsymbol{I} - \boldsymbol{A})^{-1} = -\boldsymbol{A}$$

故得

$$\boldsymbol{I} + \boldsymbol{A} + \cdots + \boldsymbol{A}^n = -\boldsymbol{A}(\boldsymbol{I} - \boldsymbol{A}^{n+1}) = \boldsymbol{A}^{n+2} - \boldsymbol{A}$$

比较此式两边右上角的元素, 即得

$$f_1 + f_2 + \cdots + f_n = f_{n+2} - 1$$

2. 部分和数列的递归表示

由部分和 s_n 组成的数列 $\{s_n\}$ 称为部分和数列,它也是递归数列.由

$$s_{n+1} + s_n + 1 = f_{n+3} - 1 + f_{n+2} - 1 + 1 = f_{n+4} - 1 = s_{n+2}$$

可知,部分和数列由

$$\begin{cases} s_{n+2} = s_{n+1} + s_n + 1 \\ s_1 = 1, s_2 = 2 \end{cases}$$

给出.

3. 求和公式的应用

由求和公式我们可以得到下面的有趣定理.

定理   任意两个 Fibonacci 数的差都是相邻的若干个 Fibonacci 数的和.特别地,两个 Fibonacci 数的差为 Fibonacci 数, 当且仅当它们是相邻或相间的 Fibonacci 数.

证明   设 $m > n$.当 $n = 1, 2$ 时

$$f_m - f_n = f_m - 1 = f_1 + f_2 + \cdots + f_{m-2}$$

对任意 $m \geqslant n \geqslant 3$,均有

$$\begin{aligned} f_m - f_n &= (f_m - 1) - (f_n - 1) \\ &= (f_1 + f_2 + \cdots + f_{m-2}) - (f_1 + f_2 + \cdots + f_{n-2}) \\ &= f_{n-1} + f_n + \cdots + f_{m-2} \end{aligned}$$

若 $m - 2 = n - 1$ 或 $(m-2) - (n-1) = 1$,即 $n = m - 1$ 或 $n = m - 2$,上式右边只有一项或为相邻两项之和,故等于 f_{m-2} 或 f_{m-1}; 若右边等于 $f_k (k > m - 1)$,则

$$f_{n-1} + f_n + \cdots + f_{m-2} = f_k = 1 + f_1 + f_2 + \cdots + f_{k-2}$$
$$> f_{n-1} + f_n + \cdots + f_{m-2}$$

产生矛盾.故当且仅当 f_m, f_n 为相邻或相间的 Fibonacci 数时,它们的差为 Fibonacci 数.

2.1.2　涉及求和的一些恒等式

由 F-数列的部分和公式可以导出下面的一些恒等式.

1.
$$f_1 + f_3 + f_5 + \cdots + f_{2n-1} = f_{2n} \tag{2}$$

证明　由 F-数列的递归方程可得

$$f_1 = f_2$$
$$f_3 = f_4 - f_2$$
$$f_5 = f_6 - f_4$$
$$\cdots\cdots$$
$$f_{2n-1} = f_{2n} - f_{2n-2}$$

各式相加,即得

$$f_1 + f_3 + f_5 + \cdots + f_{2n-1} = f_{2n}$$

2.
$$f_2 + f_4 + \cdots + f_{2n} = f_{2n+1} - 1 \tag{3}$$

证明　由式(1)得

$$f_1 + f_2 + \cdots + f_{2n} = f_{2n+2} - 1 \tag{4}$$

将式(4)减去式(2)即得式(3).

3.
$$f_3 + f_6 + \cdots + f_{3n} = \frac{1}{2}(f_{3n+2} - 1) \tag{5}$$

证明

$$f_1 + f_2 = f_3$$
$$f_4 + f_5 = f_6$$
$$\cdots\cdots$$
$$f_{3n-2} + f_{3n-1} = f_{3n}$$

故由式(1)得

$$f_3 + f_6 + \cdots + f_{3n} = \frac{1}{2}(f_1 + f_2 + \cdots + f_{3n}) = \frac{1}{2}(f_{3n+2} - 1)$$

4.

$$nf_1 + (n-1)f_2 + (n-2)f_3 + \cdots + 2f_{n-1} + f_n$$
$$= f_{n+4} - (n+3) \tag{6}$$

证明　由 F-数列部分和公式,可知

$$f_1 = f_3 - 1$$
$$f_1 + f_2 = f_4 - 1$$
$$f_1 + f_2 + f_3 = f_5 - 1$$
$$\cdots\cdots$$
$$f_1 + f_2 + f_3 + \cdots + f_n = f_{n+2} - 1$$

将这些式子相加,得

$$nf_1 + (n-1)f_2 + (n-2)f_3 + \cdots + 2f_{n-1} + f_n$$
$$= (f_1 + f_2 + f_3 + \cdots + f_{n+2}) - n - f_1 - f_2$$
$$= f_{n+4} - 1 - n - f_1 - f_2 = f_{n+4} - (n+3)$$

5.

$$f_1 - f_2 + f_3 - f_4 + \cdots + (-1)^{n+1}f_n = (-1)^{n+1}f_{n-1} + 1 \tag{7}$$

证明　由式(2)和式(3)得

$$f_1 - f_2 + f_3 - f_4 + \cdots + f_{2n-1} - f_{2n}$$
$$= (f_1 + f_3 + \cdots + f_{2n-1}) - (f_2 + f_4 + \cdots + f_{2n})$$
$$= f_{2n} - (f_{2n+1} - 1) = -f_{2n-1} + 1 \tag{8}$$

于式(8)两边同加 f_{2n+1},得

$$f_1 - f_2 + f_3 - f_4 + \cdots + f_{2n-1} - f_{2n} + f_{2n+1}$$
$$= f_{2n+1} - f_{2n-1} + 1 = f_{2n} + 1 \tag{9}$$

由式(8)和式(9)得式(7).

2.1.3　应用

作为求和公式的一个应用,我们讨论下面的问题:

"将长度为 n 的线段分成长度互不相同的若干段,使每段的长为整数,且其中的每三段都不能构成三角形,最多能分成几段?"

不难联想到 1.1 节讨论过的问题:"在 $1\sim n$ 的整数中最多能取多少个数,使取出的数中的任意三个数都不能作为一个三角形的三边之长?"与其类似,我们设

$$k = \max\{r : f_r \leqslant n+2\}$$

由求和公式可知

$$f_2 + f_3 + \cdots + f_{k-3} = f_{k-1} - 2$$

所以可将原线段分成长为 $f_2, f_3, \cdots, f_{k-3}, n - f_{k-1} + 2$ 的 $k-3$ 段,因为

$$n - f_{k-1} + 2 \geqslant f_k - f_{k-1} = f_{k-2}$$

所以这些线段中的任意三条都不能构成三角形.

另一方面,如果我们再将线段分为长度为 $a_1, a_2, \cdots, a_h (h \geqslant k-2)$ 几段,并由小到大排列为

$$a_1 < a_2 < \cdots < a_h$$

使这些数中的任意三个数都不能作为一个三角形的三边之长,则

$$a_1 \geqslant 1 = f_2, \quad a_2 \geqslant 2 = f_3$$

而对于任意的 $i (3 \leqslant i \leqslant h)$,若已有

$$a_{i-2} \geqslant f_{i-1}, \quad a_{i-1} \geqslant f_i$$

则由于 a_i, a_{i-1}, a_{i-2} 三数不能作为一个三角形的三边之长,故知

$$a_i \geqslant a_{i-1} + a_{i-2} \geqslant f_i + f_{i-1} = f_{i+1}$$

由 $h \geqslant k-2$ 可知

$$a_1 + a_2 + \cdots + a_h \geqslant f_2 + f_3 + \cdots + f_{k-2} + f_{k-1}$$
$$= f_{k+1} - 2 > n + 2 - 2 = n$$

产生矛盾,因而 $h \leqslant k - 3$.

综上所述,按要求最多可将线段分为 $k - 3$ 段.

2.2 Cassini 恒等式 1

在第 1 章中我们已经用矩阵法证明了 Cassini 恒等式 1,这是 F-数列的一个非常重要的恒等式,我们曾经用它导出 F-数列的一阶递归表示,进而给出了 Fibonacci 数的判别准则.本节先建立一般的二阶递归数列的基本恒等式,然后作为特例再次导出 Cassini 恒等式 1.作为应用,我们利用 Cassini 恒等式 1 揭示一个有趣的悖论.

2.2.1 关于二阶递归数列的基本恒等式

定理(二阶递归数列的基本恒等式)　给定二阶递归数列

$$\begin{cases} x_{n+2} = ax_{n+1} + bx_n \\ x_1 = p, x_2 = q \end{cases}$$

则对于任意的 n,均有

$$x_{n+1}x_{n-1} - x_n^2 = (-b)^n((aq + bp)p - q^2) \tag{1}$$

证明

$$\begin{aligned} x_{n+1}x_{n-1} - x_n^2 &= (ax_n + bx_{n-1})x_{n-1} - x_n^2 \\ &= (ax_{n-1} - x_n)x_n + bx_{n-1}^2 \\ &= -x_n \times bx_{n-2} + bx_{n-1}^2 = -b(x_nx_{n-2} - x_{n-1}^2) \\ &= \cdots = (-b)^n(x_3x_1 - x_2^2) \\ &= (-b)^n((aq + bp)p - q^2) \end{aligned}$$

值得注意的是,公式右边当 $b=-1$ 时的值为与 n 无关的常数.当此常数为 0 时,此数列为等比数列.所以,一般地,对任意的 a,当 $b=-1$ 时,称对应的二阶递归数列为广义等比数列.而当 $b=1$ 时,此式的绝对值与 n 无关.

2.2.2　Cassini 恒等式 1

当 $a=b=1,p=q=1$ 时,上面的二阶递归数列为 F-数列,这时基本恒等式为

$$f_{n+1}f_{n-1}-f_n^2=(-1)^n,\quad n\geqslant 2$$

此式即为 Cassini 恒等式 1.

下面我们用数学归纳法再给出 Cassini 恒等式 1 的直接证明.

证明　当 $n=2$ 时,可直接验证.

设 Cassini 恒等式 1 对 n 成立,则

$$\begin{aligned}
f_{n+2}f_n-f_{n+1}^2 &= (f_{n+2}f_n-f_{n+1}f_n)+(f_{n+1}f_n-f_{n+1}^2)\\
&= f_n(f_{n+2}-f_{n+1})+f_{n+1}(f_n-f_{n+1})\\
&= f_n^2-f_{n+1}f_{n-1}=(-1)^{n+1}
\end{aligned}$$

故 Cassini 恒等式 1 对 $n+1$ 成立.由数学归纳法原理,得所欲证.

2.2.3　一个悖论的揭秘

考察 Cassini 恒等式,从几何的观点看,公式左边的乘积 $f_{n+1}f_{n-1}$ 是边长为 f_{n+1},f_{n-1} 的矩形面积,而 f_n^2 是边长为 f_n 的正方形的面积,公式表明这两个图形面积之差的绝对值恰等于 1.当 n 较大时,f_{n-1},f_n,f_{n+1} 较大,图形的面积也大,这时,面积 1 是很容易被忽略的.根据这个原理,可以设计下面的诡辩题:$64=65$.

证明　取边长为 8 的正方形,面积为 64,按图 2.1(a)的方法分

成四块.然后按图 2.1(b)的方法用这四块拼成矩形,矩形的边长为
5,13,面积为 65.但面积不变,于是有 64 = 65!!

　　这当然是一个悖论.实际上,5,8,13 恰是相邻的三个 Fibonacci
数 f_5, f_6, f_7,由 Cassini 恒等式应有

$$f_5 f_7 - f_6^2 = 5 \times 13 - 8^2 = 1$$

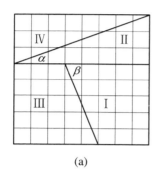
(a)

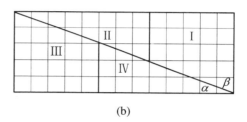
(b)

图 2.1

　　那么问题出在什么地方呢？其实,仔细考察就会发现,在矩形
的对角线处,所拼接的图形并非密合,而是空出了一条"缝".因为,
从图 2.1 上可以看出 $\tan \alpha = \dfrac{3}{8}$,$\tan \beta = \dfrac{5}{2}$,可以算出 $\tan(\alpha + \beta) =$
46,从而 $\alpha + \beta = \arctan 46 < \dfrac{\pi}{2}$.这说明"缝"确实存在,它是一个狭
长的平行四边形,面积为 1.正因为忽略了这条"缝"而导致悖论.
　　同理,利用

$$f_7 f_5 - f_6^2 = 21 \times 8 - 13^2 = -1$$

可以设计悖论 168 = 169.在这种情况下,在矩形对角线处拼接时有
重叠,重叠的部分是一个面积为 1 的狭长的平行四边形.

2.3　Cassini 恒等式 2

Cassini 恒等式 2 也是 F-数列的重要恒等式,由它可以产生许多有趣的恒等式.

2.3.1　Cassini 恒等式 2

下面的恒等式称为 Cassini 恒等式 2,我们用两种方法证明这个恒等式:

$$f_{m+n} = f_m f_{n+1} + f_{m-1} f_n \tag{1}$$

证明 1　对 n 用数学归纳法.

当 $n = 1, 2$ 时

$$f_{m+1} = f_m + f_{m-1} = f_m f_{1+1} + f_{m-1} f_1$$
$$f_{m+2} = f_{m+1} + f_m = f_m + f_{m-1} + f_m$$
$$= 2f_m + f_{m-1} = f_m f_{2+1} + f_{m-1} f_2$$

式(1)显然成立.

设 $n = k, k+1$ 时 Cassini 恒等式 2 成立,即

$$f_{m+k} = f_m f_{k+1} + f_{m-1} f_k$$
$$f_{m+k+1} = f_m f_{k+2} + f_{m-1} f_{k+1}$$

两个式子逐项相加,即得

$$f_{m+k+2} = f_m f_{k+3} + f_{m-1} f_{k+2}$$

故 Cassini 恒等式 2 对 $n = k+2$ 亦成立.由数学归纳法原理,得所欲证.

证明 2　用矩阵法.

由 F-数列的矩阵表示,有

$$A = \begin{bmatrix} 1 & 1 \\ 1 & 0 \end{bmatrix}, \quad A^n = \begin{bmatrix} f_{n+1} & f_n \\ f_n & f_{n-1} \end{bmatrix}$$

于是

$$A^m = \begin{bmatrix} f_{m+1} & f_m \\ f_m & f_{m-1} \end{bmatrix}, \quad A^{m+n} = \begin{bmatrix} f_{m+n+1} & f_{m+n} \\ f_{m+n} & f_{m+n-1} \end{bmatrix}$$

由

$$A^{m+n} = A^n A^m$$

求出右边两矩阵之积,然后比较两边右上角(即第 1 行第 2 列)的元素,即得

$$f_{m+n} = f_m f_{n+1} + f_{m-1} f_n$$

Cassini 恒等式 2 得证.

注意恒等式左边的下标为和 $m + n$,它可以写成不同的形式(和不变),相应地,右边也就有不同的形式.

2.3.2　由 Cassini 恒等式导出的恒等式

由 Cassini 恒等式,可以得到一系列恒等式.

1.

$$f_{2n+1} = f_n^2 + f_{n+1}^2 \tag{2}$$

证明　在 Cassini 恒等式 2 中取 $m = n + 1$ 立得.

由此可见,下标为奇数的 Fibonacci 数都是相邻两 Fibonacci 数的平方和,因而都不为 $4k + 3$ 型的数(因为平方数必为 $4k$ 或 $4k + 1$ 型的数).反过来说,相邻的两个 Fibonacci 数的平方和必是一个下标为奇数的 Fibonacci 数.

2.

$$f_{2n} = f_{n+1}^2 - f_{n-1}^2 \tag{3}$$

证明　在 Cassini 恒等式 2 中取 $m = n$，得

$$f_{2n} = f_n f_{n+1} + f_{n-1} f_n = f_n (f_{n+1} + f_{n-1})$$
$$= (f_{n+1} - f_{n-1})(f_{n+1} + f_{n-1}) = f_{n+1}^2 - f_{n-1}^2$$

由此可见，下标为偶数的 Fibonacci 数都是相间两 Fibonacci 数的平方差，因而都不为 $4k + 2$ 型的数（因为平方差是两数的和与差之积，故应为同奇偶性的两数之积）．反过来说，相间的两个 Fibonacci 数的平方差必是一个下标为偶数的 Fibonacci 数．

关于两个 Fibonacci 数的平方差还有下面的恒等式．

3.

$$f_n^2 - f_{n-1}^2 = f_n f_{n-1} - (-1)^n \tag{4}$$

证明　由 Cassini 恒等式 1 可得

$$f_n^2 - f_{n-1}^2 = f_n^2 - f_{n-1}(f_{n+1} - f_n)$$
$$= f_n f_{n-1} - (f_{n+1} f_{n-1} - f_n^2) = f_n f_{n-1} - (-1)^n$$

4.

$$f_{n+2}^2 - f_{n-1}^2 = 4 f_n f_{n+1} \tag{5}$$

证明　由

$$f_n^2 - f_{n-1}^2 = (f_n + f_{n-1})(f_n - f_{n-1}) = f_{n+1} f_{n-2}$$

可得

$$f_{n+2}^2 - f_{n-1}^2 = (f_{n+2} + f_{n-1})(f_{n+2} - f_{n-1})$$
$$= (f_{n+1} + f_n + f_{n-1})(f_{n+1} + f_n - f_{n-1})$$
$$= 2 f_{n+1} \cdot 2 f_n = 4 f_n f_{n+1}$$

5.

$$f_{3n} = f_{n+1}^3 + f_n^3 - f_{n-1}^3 \tag{6}$$

证明　在 Cassini 恒等式 2 中取 $m = 2n$，并应用上面的式(2)和式(3)，得

$$f_{3n} = f_{2n}f_{n+1} + f_{2n-1}f_n = (f_{n+1}^2 - f_{n-1}^2)f_{n+1} + (f_n^2 + f_{n-1}^2)f_n$$
$$= f_{n+1}^3 + f_n^3 - f_{n-1}^2(f_{n+1} - f_n) = f_{n+1}^3 + f_n^3 - f_{n-1}^3$$

6.

$$f_{4n} = f_{2n}(f_{n+1}^2 + 2f_n^2 + f_{n-1}^2) \tag{7}$$

证明 利用式(2)和式(3),可得

$$f_{4n} = (f_{2n+1}^2 - f_{2n-1}^2) = (f_{2n+1} - f_{2n-1})(f_{2n+1} + f_{2n-1})$$
$$= f_{2n}(f_{n+1}^2 + f_n^2 + f_n^2 + f_{n-1}^2)$$
$$= f_{2n}(f_{n+1}^2 + 2f_n^2 + f_{n-1}^2)$$

2.4　Catalan 恒等式

本节将 Cassini 恒等式推广为 Catalan 恒等式,这是一个重要的恒等式,我们将列举它的一些应用.然后将其进一步拓展.最后,我们建立一个更为广泛的恒等式,它概括了 Cassini 恒等式、Catalan 恒等式及其拓展,并且可以特殊化为一些其他的恒等式.

2.4.1　Catalan 恒等式

Catalan 恒等式:对任意的自然数 n 及 $k \leqslant n$,有

$$f_{n+k}f_{n-k} - f_n^2 = (-1)^{n+k-1}f_k^2 \tag{1}$$

当 $k = 1$ 时,式(1)就是 Cassini 恒等式 1.

证明 由 F-数列相邻两项平方和公式及 Cassini 恒等式 2 可知

$$f_n^2 + f_{n+1}^2 = f_{2n+1} = f_{(n+k+1)+(n-k)}$$
$$= f_{n+k+1}f_{n-k+1} + f_{n+k}f_{n-k}$$

移项得

$$f_{n+1+k}f_{n+1-k} - f_{n+1}^2 = -(f_{n+k}f_{n-k} - f_n^2)$$

于是可知

$$f_{n+k}f_{n-k} - f_n^2 = -(f_{n-1+k}f_{n-1-k} - f_{n-1}^2) = \cdots$$
$$= (-1)^{n-k}(f_{n-(n-k)+k}f_{n-(n-k)-k} - f_{n-(n-k)}^2)$$
$$= (-1)^{n-k}(f_{2k}f_0 - f_k^2) = (-1)^{n+k-1}f_k^2$$

2.4.2　Catalan 恒等式的应用

1. Fermat(费马)四元组

Fermat 曾提出下面有趣的问题:

"构造由 4 个自然数组成的数组,使其中任意两数之积(共有 6 个这样的积)与 1 的和是完全平方数."

不妨称这样的数组为 Fermat 四元组. 例如,数组 $(1,3,8,120)$ 就是 Fermat 四元组. 不难发现,数组中的 1,3,8 都是 Fibonacci 数,可以想见 Fermat 四元组与 Fibonacci 数之间有某种联系. 事实上,应用 Catalan 恒等式和一条简单的引理,可以得到利用 Fibonacci 数构造 Fermat 四元组的一个一般方法.

首先,任取有偶数下标的三个相邻的 Fibonacci 数 f_{2n}, f_{2n+2}, f_{2n+4},由 Catalan 恒等式有

$$\begin{cases} f_{2n}f_{2n+2} - f_{2n+1}^2 = (-1)^{2n+1} \\ f_{2n+2}f_{2n+4} - f_{2n+3}^2 = (-1)^{2n+3} \\ f_{2n}f_{2n+4} - f_{2n+2}^2 = (-1)^{2n+1}f_2^2 \end{cases} \tag{2}$$

此即

$$\begin{cases} f_{2n}f_{2n+2} + 1 = f_{2n+1}^2 \\ f_{2n+2}f_{2n+4} + 1 = f_{2n+3}^2 \\ f_{2n}f_{2n+4} + 1 = f_{2n+2}^2 \end{cases} \tag{3}$$

故所取三数中任意两数之积加上 1 的和为完全平方数.

其次,为了构造第四数,我们需要下面的引理.

引理　M 是相邻两自然数之积,当且仅当 $4M+1$ 是完全平方数.

证明　设 a 为自然数,$M = a(a+1)$,则

$$4M+1 = 4a(a+1)+1 = (2a+1)^2$$

反之,若 $4M+1$ 是完全平方数,则必为奇数的平方,即

$$4M+1 = (2a+1)^2 = 4a^2+4a+1$$

由此解出

$$M = a(a+1)$$

由 Catalan 恒等式可知,对任意自然数 k,有

$$|f_{k-1}f_{k+1} - f_k^2| = 1 \tag{4}$$

$$|f_{k+1}f_{k+4} - f_{k+2}f_{k+3}| = |f_{k+1}(f_{k+2}+f_{k+3}) - f_{k+2}(f_{k+1}+f_{k+2})|$$

$$= |f_{k+1}f_{k+3} - f_{k+2}^2| = 1 \tag{5}$$

故 $f_{k-1}f_{k+1}$ 与 f_k^2,$f_{k+1}f_{k+4}$ 与 $f_{k+2}f_{k+3}$ 均为相邻的自然数.由引理可知

$$4f_{k-1}f_k^2 f_{k+1}+1, \quad 4f_{k+1}f_{k+2}f_{k+3}f_{k+4}+1 \tag{6}$$

均为完全平方数.由此可以得到:f_{2n},f_{2n+2},f_{2n+4} 中的每个数与 $4f_{2n+1}f_{2n+2}f_{2n+3}$ 的积加上 1 的和均为完全平方数.

于是可知:对任意的由偶数下标开始的五个相邻的 Fibonacci 数 f_{2n},f_{2n+1},f_{2n+2},f_{2n+3},f_{2n+4},$(f_{2n}, f_{2n+2}, f_{2n+4}, 4f_{2n+1}f_{2n+2}f_{2n+3})$ 是 Fermat 四元组.特别地,当 $n=1$ 时,即得到前面所述的四元组 $(2,3,5,120)$.

如果任取由奇数下标开始的五个相邻的 Fibonacci 数 f_{2n+1},f_{2n+2},f_{2n+3},f_{2n+4},f_{2n+5} 构成的四元数组 $(f_{2n+1}, f_{2n+3}, f_{2n+5},$

$4f_{2n+2}f_{2n+3}f_{2n+4}$),则与式(3)类似,由 Catalan 恒等式可知,数组的前三数中每两数之积减去 1 的差是完全平方数;又由式(4)～式(6),前三数中每数与第四数之积加上 1 的和也是完全平方数.

2. 一个不定方程的解

利用 Catalan 恒等式可以构造不定方程

$$x^2 + y^2 + z^2 = 3xyz \tag{7}$$

的无穷多组解.

由 Catalan 恒等式,我们有

$$f_{2n+1}^2 + f_{2n+3}^2 = (f_{2n+3} - f_{2n+1})^2 + 2f_{2n+1}f_{2n+3}$$
$$= f_{2n+2}^2 + 2f_{2n+1}f_{2n+3} = f_{2n+1}f_{2n+3} - 1 + 2f_{2n+1}f_{2n+3}$$

故得

$$1 + f_{2n+1}^2 + f_{2n+3}^2 = 3 \times 1 \times f_{2n+1}f_{2n+3}$$

即

$$x = 1 = f_1, \quad y = f_{2n+1}, \quad z = f_{2n+3}, \quad n \geqslant 1$$

是方程 $x^2 + y^2 + z^2 = 3xyz$ 的解. 当 n 变化时,我们得到式(7)的无穷多组解.

3. 利用 Catalan 恒等式证明恒等式

Catalan 恒等式可应用于恒等式的证明,请看下面的例子.

例 求证:

$$3(f_{2k+5} + (-1)^k) - (f_{k+1} + f_{k+3})(f_{k+1} + f_{k+5}) = 0$$

证明 由

$$f_{k+1} + f_{k+5} = 3f_{k+3}, \quad f_{2k+5} = f_{k+2}^2 + f_{k+3}^2$$
$$f_{k+1}f_{k+3} = f_{k+2}^2 + (-1)^{k+2}$$

可得

$$左边 = 3(f_{k+2}^2 + f_{k+3}^2 + (-1)^k) - 3(f_{k+1} + f_{k+3})f_{k+3}$$

$$= 3(f_{k+2}^2 + f_{k+3}^2 + (-1)^k - f_{k+1}f_{k+3} - f_{k+3}^2)$$
$$= 3(f_{k+2}^2 + f_{k+3}^2 + (-1)^k - f_{k+2}^2 - (-1)^{k+2} - f_{k+3}^2) = 0$$

2.4.3　Catalan 恒等式的拓广

当两个 Fibonacci 数的下标相差偶数时,两数之间有奇数个数,Catalan 恒等式表示为

$$f_{n+2k}f_n - f_{n+k}^2 = (-1)^{n-1}f_k^2$$

其中 $f_{n+2k}f_n$ 是这两个 Fibonacci 数的积,而 f_{n+k} 是它们之间的居中的数. 自然想到,当两个 Fibonacci 数的下标相差奇数时,关于它们的积应有类似的恒等式. 事实上,Catalan 恒等式有下面的拓广:

$$f_n f_{n+2k-1} - f_{n+k}f_{n+k-1} = (-1)^{n+1}f_k f_{k-1} \tag{8}$$

证明　取 f_n 和 f_{n+2k-1},它们之间有偶数个 Fibonacci 数,其中居中的两数为 f_{n+k-1}, f_{n+k}. 考察 $f_{n+2k-1}f_n - f_{n+k-1}f_{n+k}$. 由已知公式可得

$$f_{2(n+k-1)} = f_{n+k}^2 - f_{n+k-2}^2 = f_{n+k-1}(f_{n+k} + f_{n+k-2})$$

由 Cassini 恒等式 2 可得

左边 $= f_{2(n+k-1)} = f_{(n-1)+(n+2k-1)} = f_n f_{n+2k-1} + f_{n-1}f_{n+2k-2}$

右边 $= f_{n+k}f_{n+k-1} + f_{n+k-1}f_{n+k-2}$

移项得

$$f_n f_{n+2k-1} - f_{n+k}f_{n+k-1} = -(f_{n-1}f_{n+2k-2} - f_{n+k-1}f_{n+k-2})$$

按此式递推,即得

$$f_n f_{n+2k-1} - f_{n+k}f_{n+k-1} = (-1)^n(f_0 f_{2k-1} - f_k f_{k-1})$$
$$= (-1)^{n+1}f_k f_{k-1}$$

公式的左边表示任意两个下标之差为奇数的 Fibonacci 数的积与他们之间的偶数个 Fibonacci 数中居中的相邻两数的积之差,

而右边说明这个差的绝对值与这两个 Fibonacci 数的位置（即与 n）无关，是一个由下标之差决定的常数.

2.4.4　一个更广泛的恒等式

更一般地，可以证明下面的恒等式：

$$f_{n+k}f_{m-k} - f_m f_n = (-1)^n f_{m-n-k} f_k \tag{9}$$

我们用代数方法证明这个恒等式.

证明　容易验证下面的代数恒等式成立：

$$(x^{n+k} - y^{n+k})(x^{m-k} - y^{m-k}) - (x^n - y^n)(x^m - y^m)$$
$$= (xy)^n (x^{m-n-k} - y^{m-n-k})(x^k - y^k)$$

在其中令

$$x = \alpha = \frac{1+\sqrt{5}}{2}, \quad y = \beta = \frac{1-\sqrt{5}}{2}$$

代入后两边同除以 5，并利用 Binet 公式即可得到证明.

应该指出，这是一个非常广泛的恒等式，它概括了 Cassini 恒等式 1，2，Catalan 恒等式及其拓广形式，而且还可以特殊化为许多其他的恒等式.

首先，若在上式中取 $m=n$，并且将负下标改变为正下标（参看 2.5.4 节），则有

$$f_{n-k}f_{n+k} - f_n^2 = (-1)^n f_{-k} f_k = (-1)^{n+k-1} f_k^2$$

这就是 Catalan 恒等式；若还取 $k=1$，则得 Cassini 恒等式 1.

其次，在上式中取 $k=1$，且用 $-(n+1)$ 代替式中的 n，则得到

$$f_{-(n+1)+1}f_{m-1} - f_m f_{-(n+1)} = (-1)^{-(n+1)} f_{m+(n+1)-1} f_1$$

将负下标改变为正下标，即得 Cassini 恒等式 2.

再次，若在上式中取 m 为 $n+k$，n 为 $n+k-1$，则上式成为

$$f_n f_{n+2k-1} - f_{n+k}f_{n+k-1} = (-1)^{n+k-1}f_{1-k}f_k = (-1)^{n-1}f_k f_{k-1}$$

这就是 Catalan 恒等式的拓展形式.

进而,如果取 $k=1, m=s+1, n=s+p-1$,则

$$m-1=s, \quad n+1=s+p, \quad m-n-1=-(p-1)$$

代入恒等式可得

$$f_s f_{s+p} - f_{s+1}f_{s+p-1} = (-1)^{s+1}f_{p-1} \tag{10}$$

此式可直接证明如下:

$$
\begin{aligned}
f_s f_{s+p} - f_{s+1}f_{s+p-1} &= (f_{s+1} - f_{s-1})f_{s+p} - f_{s+1}(f_{s+p} - f_{s+p-2}) \\
&= -(f_{s-1}f_{s+p} - f_{s+1}f_{s+p-2}) = \cdots \\
&= (-1)^s (f_0 f_p - f_1 f_{p-1}) = (-1)^{s+1}f_{p-1}
\end{aligned}
$$

2.5　Lucas 数列

本节我们讨论 Lucas 数列,它与 F-数列关系密切,F-数列的许多性质需要通过这个数列来刻画. 为了进一步讨论的需要,我们将这两个数列都向下标为负的方向拓展,使它们成为定义在整数集合上的数列.

2.5.1　Lucas 数列的定义及通项表示

由递归方程

$$
\begin{cases}
l_{n+2} = l_{n+1} + l_n \\
l_1 = 1, l_2 = 3
\end{cases}
\tag{1}
$$

定义的数列称为 Lucas 数列(简称 L-数列).

L-数列的前若干项为

$$1, \quad 3, \quad 4, \quad 7, \quad 11, \quad 18, \cdots$$

L-数列与 F-数列有相同的递归方程(但两者的始值不同),因而有相同的特征方程和特征根 α,β,且不难证明 L-数列的通项公式为

$$l_n = \alpha^n + \beta^n \tag{2}$$

2.5.2　Lucas 数列的性质

L-数列有与 F-数列类似的一些性质.

首先,L-数列与 F-数列有相同的递归方程,所以 F-数列的只涉及递归方程的性质对于 L-数列都成立.特别地,奇阶或偶阶(即下标为奇数或偶数)的 L-数列都有相同的递归方程

$$l_{n+2} = 3l_n - l_{n-2}$$

其次,与 F-数列的 Cassini 恒等式类似,有下面的公式:

$$l_{n+1} l_{n-1} - l_n^2 = 5(-1)^{n-1} \tag{3}$$

证明　与 F-数列类似,在二阶递归数列的基本恒等式中取

$$a = b = 1, \quad p = 1, \quad q = 3$$

即得式(3).

进而,由递归关系式(1)及式(3)可得

$$(l_n + l_{n-1})l_{n-1} - l_n^2 + 5(-1)^n = 0$$

整理并修改下标,得

$$l_{n+1}^2 - l_{n+1} l_n - l_n^2 + 5(-1)^n = 0$$

由此解出

$$l_{n+1} = \frac{1}{2}(l_n + \sqrt{5(l_n^2 - 4(-1)^n)}) \tag{4}$$

这是关于 L-数列的一阶递归式.

由式(4)可知 $l_n^2 - 4(-1)^n$ 必含因数 5,且 $5(l_n^2 - 4(-1)^n)$ 必为完全平方数.

2.5.3　关于两个数列相互关系的一些恒等式

1.

$$\begin{cases} l_n = f_{n-1} + f_{n+1} \\ 5f_n = l_{n-1} + l_{n+1} \end{cases} \tag{5}$$

证明　用数学归纳法易证.

2.

$$\begin{cases} 2f_{m+n} = f_m l_n + f_n l_m \\ 2l_{m+n} = 5f_m f_n + l_m l_n \end{cases} \tag{6}$$

证明　由 Cassini 恒等式有

$$f_{m+n} = f_{m+1} f_n + f_m f_{n-1}$$

$$f_{m+n} = f_m f_{n+1} + f_{m-1} f_n$$

相加得

$$2f_{m+n} = f_m(f_{n+1} + f_{n-1}) + f_n(f_{m+1} + f_{m-1}) = f_m l_n + f_n l_m$$

由此及式(5),又有

$$5f_m f_n + l_m l_n = (l_{m+1} + l_{m-1})f_n + (f_{m+1} + f_{m-1})l_n$$
$$= (f_n l_{m+1} + f_{m+1} l_n) + (f_n l_{m-1} + f_{m-1} l_n)$$
$$= 2(f_{m+n+1} + f_{m+n-1}) = 2l_{m+n}$$

在式(6)中取 $m = n$,可得以下恒等式.

3.

$$\begin{cases} f_{2n} = f_n l_n \\ 2l_{2n} = 5f_n^2 + l_n^2 \end{cases} \tag{7}$$

从这个式子可以看出:f_n 整除 f_{2n},且其商恰为 l_n.

4.

$$l_n^2 = 5f_n^2 + 4(-1)^n \tag{8}$$

证明　由式(4)可得

$$(2l_{n+1} - l_n)^2 = 5(l_n^2 - 4(-1)^n)$$

但

$$2l_{n+1} - l_n = l_{n+1} + l_{n-1} = 5f_n$$

代入上式得 $5f_n^2 = l_n^2 - 4(-1)^n$，故式(8)成立.

关于 L-数列还有下面的恒等式.

5.

$$l_{2n} = l_n^2 - 2(-1)^n \tag{9}$$

证明　由

$$2l_{2n} = 5f_n^2 + l_n^2, \quad l_n^2 = 5f_n^2 + 4(-1)^n$$

两式相加并约去 2，然后应用式(8)，得

$$l_{2n} = 5f_n^2 + 2(-1)^n = l_n^2 - 4(-1)^n + 2(-1)^n = l_n^2 - 2(-1)^n$$

式(9)也可由 L-数列的通项公式直接得到：

$$l_{2n} = \alpha^{2n} + \beta^{2n} = (\alpha^n + \beta^n)^2 - 2(\alpha\beta)^n = l_n^2 - 2(-1)^n$$

2.5.4　F-数列和 L-数列的拓展

为了讨论的方便，我们需要按照递归关系将 F-数列和 L-数列往负下标方向延拓.

F-数列和 L-数列满足相同的递归方程 $x_{n+2} = x_{n+1} + x_n$，由此可得

$$x_n = x_{n+2} - x_{n+1} \tag{10}$$

对于 F-数列，按式(10)及初始条件 $x_0 = f_0 = 0$，$x_1 = f_1 = 1$，依次可得下标为负整数的 Fibonacci 数

$$f_{-1} = 1, \quad f_{-2} = -1, \quad f_{-3} = 2, \quad f_{-4} = -3, \quad \cdots$$

对于 L-数列，按式(10)及初始条件 $x_0 = l_0 = 2$，$x_1 = l_1 = 1$，依

次可得下标为负整数的 Lucas 数

$$l_{-1} = -1, \quad l_{-2} = 3, \quad l_{-3} = -4, \quad l_{-4} = 7, \quad \cdots$$

这样,F-数列和 L-数列分别拓展为两端均无限延伸的数列

$$\cdots, \quad -3, \quad 2, \quad -1, \quad 1, \quad 0, \quad 1, \quad 1, \quad 2, \quad 3, \quad \cdots$$

$$\cdots, \quad 7, \quad -4, \quad 3, \quad -1, \quad 2, \quad 1, \quad 3, \quad 4, \quad 7, \quad \cdots$$

容易发现和证明对于下标为互反数的两项之间有下面的关系式:

$$f_{-n} = (-1)^{n-1} f_n, \quad l_{-n} = (-1)^n l_n \tag{11}$$

显然,我们也可以按式(11)定义数列的下标为负的项以对数列进行拓展,进而证明拓展后的数列保持原来的递归方程成立.

拓展后的数列为定义在整数集合上的数列. 对于拓展后的数列,应该特别指出的是,因为我们保持了原来的递归方程和初始条件,所以原有的只涉及递归方程和初始条件的那些已经证明的性质及关于两数列之间的那些关系式仍然成立.

2.5.5　Fibonacci 数与 Lucas 数的关系

1. 奇偶性

由于 F-数列与 L-数列的始值有相同的奇偶性,故两个数列的项的奇偶性都按

奇,　奇,　偶;　奇,　奇,　偶;　奇,　奇,　偶;　…

的方式排列,其周期为 3. 所以下标之差为 3 的两个 Fibonacci 数、两个 Lucas 数或一个 Fibonacci 数与一个 Lucas 数有相同的奇偶性,特别地,所有下标相同的 Fibonacci 数与 Lucas 数的奇偶性相同,且

$$f_n \equiv l_n \equiv \begin{cases} 0 \,(\mathrm{mod}\,2), & n \equiv 0 \,(\mathrm{mod}\,3) \\ 1 \,(\mathrm{mod}\,2), & n \equiv 1,2 \,(\mathrm{mod}\,3) \end{cases} \tag{12}$$

2. 最大公约数

定理　对于下标相同的 Fibonacci 数 f_n 与 Lucas 数 l_n，当 n 不为 3 的倍数时，它们是互素的奇数；否则，它们的最大公约数等于 2，即

$$(f_n, l_n) \equiv \begin{cases} 1, & n \equiv 1,2\,(\mathrm{mod}\,3) \\ 2, & n \equiv 0\,(\mathrm{mod}\,3) \end{cases} \tag{13}$$

并且有

$$(f_{n-3}, l_n) \equiv \begin{cases} 1, & n \equiv 1,2\,(\mathrm{mod}\,3) \\ 2, & n \equiv 0\,(\mathrm{mod}\,3) \end{cases} \tag{14}$$

证明　首先，由前面的恒等式(8)可知

$$l_n^2 - 5f_n^2 = 4(-1)^n$$

故 l_n, f_n 的最大公约数只能为 1 或 2. 当 n 为 3 的倍数时，l_n, f_n 都是偶数，故其最大公约数为 2；否则，它们的最大公约数等于 1.

其次，由前面的恒等式(6)可知

$$2f_{m-3} = f_m l_{-3} + f_{-3} l_m = -4f_m + 2l_m$$

即

$$f_{m-3} - l_m = 2f_m$$

由此及最大公约数的性质可知

$$(f_{m-3}, l_m) = (l_m, 2f_m)$$

应用式(13)可得式(14)成立.

这条定理在讨论第 1 类 Fibonacci 三角形的唯一性时将要用到(见 5.6.4 节).

2.6　Fibonacci 数之间的倍数关系与线性关系

F-数列的部分和公式是通过 Fibonacci 数来表示的，部分和与

Fibonacci 数有密切的联系.本节讨论它们之间的倍数关系与线性关系,从而得到 F-数列的又一种递推表示.由于这项研究产生于一个数学游戏,从观察入手,然后归纳和证明结论,逐步深入,很有典型性,所以我们把整个研究的过程展示出来.

2.6.1　缘起

有这样一个数学游戏:甲、乙两人轮流写数,甲任写一数作为第 1 个数,乙任意写下第 2 个数,甲把这两数的和作为第 3 个数,乙将第 2,3 个数的和作为第 4 个数……如此轮流,直到写出第 10 个数.这时,甲立即当众宣布这十个数的和,乙细心算过后发现甲完全正确.如此数次,屡试不爽.甲的"神算"令人叹服!

例如,两人轮流写的数是

3,　7,　10,　17,　27,　44,　71,　115,　186,　301

则甲宣布的和数是 781,乙逐数相加也得到这个和数.

那么,甲是如何快速地得到这个和数的呢?

设游戏开始时所写的两数为 a,b,则写下的十个数依次为

$$a,　b,　a+b,　a+2b,　2a+3b,　3a+5b,$$
$$5a+8b,　8a+13b,　13a+21b,　21a+34b$$

这些数的和为

$$55a+88b=11(5a+8b) \tag{1}$$

$5a+8b$ 是第 7 个数,故这十数之和恰为第 7 个数的 11 倍.在上面的例子中,第 7 个数为 71,所以可立即算出总和为 $71×11=781$.

2.6.2　联想

如果取 $a=b=1$,则写下的十个数就是 F-数列的前十项,而式

(1)成为

$$s_{10} = 11f_7 \qquad (2)$$

所以,存在这样的部分和,它恰是某个 Fibonacci 数的整数倍.

如何找出所有这样的部分和? 其余(即与 Fibonacci 数无倍数关系)的部分和与 Fibonacci 数之间有何类似的性质? 这是一个饶有趣味的问题.下面将就这个问题进行深入的讨论.

我们已经知道公式

$$s_n = f_{n+2} - 1 \qquad (3)$$

所以部分和与 Fibonacci 数仅相差常数,我们所讨论的也就是 Fibonacci 数之间的关系,这种关系给出 F-数列的一种新的刻画.

2.6.3 观察

为了探求部分和与Fibonacci 数之间的倍数关系,我们从观察入手.利用附录 3 所列的 Fibonacci 数表,通过实算得到下面的数表:

$$f_3 = 1 \times f_2 + 1 \qquad f_4 = 1 \times f_3 + 1$$
$$f_5 = 1 \times f_4 + 2 \qquad f_6 = 1 \times f_5 + 3$$

$$f_7 = 4 \times f_4 + 1 \qquad f_8 = 4 \times f_5 + 1$$
$$f_9 = 4 \times f_6 + 2 \qquad f_{10} = 4 \times f_7 + 3$$

$$f_{11} = 11 \times f_6 + 1 \qquad f_{12} = 11 \times f_7 + 1$$
$$f_{13} = 11 \times f_8 + 2 \qquad f_{14} = 11 \times f_9 + 3$$

$$f_{15} = 29 \times f_8 + 1 \qquad f_{16} = 29 \times f_9 + 1$$
$$f_{17} = 29 \times f_{10} + 2 \qquad f_{18} = 29 \times f_{11} + 3$$

$$f_{19} = 76 \times f_{10} + 1 \qquad f_{20} = 76 \times f_{11} + 1$$
$$f_{21} = 76 \times f_{12} + 2 \qquad f_{22} = 76 \times f_{13} + 3$$

利用公式 $f_{n+2} - 1 = s_n$,上述各式可以写成下面的形式,它们表示 F-数列的部分和与 Fibonacci 数之间的关系:

$$s_1 = 1 \times f_2 \qquad\qquad s_2 = 1 \times f_3$$
$$s_3 = 1 \times f_4 + 1 \qquad\qquad s_4 = 1 \times f_5 + 2$$

$$s_5 = 4 \times f_4 \qquad\qquad s_6 = 4 \times f_5$$
$$s_7 = 4 \times f_6 + 1 \qquad\qquad s_8 = 4 \times f_7 + 2$$

$$s_9 = 11 \times f_6 \qquad\qquad s_{10} = 11 \times f_7$$
$$s_{11} = 11 \times f_8 + 1 \qquad\qquad s_{12} = 11 \times f_9 + 2$$

$$s_{13} = 29 \times f_8 \qquad\qquad s_{14} = 29 \times f_9$$
$$s_{15} = 29 \times f_{10} + 1 \qquad\qquad s_{16} = 29 \times f_{11} + 2$$

$$s_{17} = 76 \times f_{10} \qquad\qquad s_{18} = 76 \times f_{11}$$
$$s_{19} = 76 \times f_{12} + 1 \qquad\qquad s_{20} = 76 \times f_{13} + 2$$

$$s_{21} = 199 \times f_{12} \qquad\qquad s_{22} = 199 \times f_{13}$$
$$s_{23} = 199 \times f_{14} + 1 \qquad\qquad s_{24} = 199 \times f_{15} + 2$$

上面的两组关系式排列得很整齐,很有规律,每两行的 4 个式子中的系数都相同,依次为

$$1, \quad 4, \quad 11, \quad 29, \quad 76, \quad 199, \quad \cdots$$

记此数列为 $K = \{k_n : n \geqslant 0\}$. 观察发现,这个数列恰好就是奇阶 L-数列,因而由递归方程

$$\begin{cases} k_{n+2} = 3k_{n+1} - k_n \\ k_0 = 1, k_1 = 4 \end{cases} \tag{4}$$

给出,称数列 $K = \{k_n : n \geqslant 0\}$ 为系数数列.

依此递归关系,应有

$$k_7 = 521, \quad k_8 = 1\,364, \quad \cdots$$

容易验证确有

$$s_{25} = 521 f_{17}, \qquad s_{26} = 521 f_{18},$$

$$s_{27} = 521 f_{19} + 1, \qquad s_{28} = 521 f_{20} + 2, \quad \cdots$$

由此可以猜想和归纳一般结论.

2.6.4　归纳

上述的观察结果可以归纳为下面的定理.

定理　对于 F-数列的部分和数列 $\{s_n\}$，有

$$\begin{cases} s_{4i+1} = k_i f_{2(i+1)} & (5.1) \\ s_{4i+2} = k_i f_{2(i+1)+1} & (5.2) \\ s_{4i+3} = k_i f_{2(i+2)} + 1 & (5.3) \\ s_{4i+4} = k_i f_{2(i+2)+1} + 2 & (5.4) \end{cases} \quad , \quad i \geqslant 0$$

或等价地，上述各式可以写成下面的形式，它们表示 Fibonacci 数之间的关系：

$$\begin{cases} f_{4i+3} = k_i f_{2(i+1)} + 1 & (6.1) \\ f_{4(i+1)} = k_i f_{2(i+1)+1} + 1 & (6.2) \\ f_{4(i+1)+1} = k_i f_{2(i+2)} + 2 & (6.3) \\ f_{4(i+1)+2} = k_i f_{2(i+2)+1} + 3 & (6.4) \end{cases} \quad , \quad i \geqslant 0$$

其中的系数数列 $K = \{k_n = l_{2n+1} : n \geqslant 0\}$ 是奇阶 L-数列，由递归方程式(4)给出.

利用求和公式(3)易知式(5.1)、式(5.2)与式(6.1)、式(6.2)等价.将式(6.1)、式(6.2)相加，可得

$$f_{4(i+1)+1} = f_{4(i+1)} + f_{4i+3} = (k_i f_{2(i+1)+1} + 1) + (k_i f_{2(i+1)} + 1)$$

$$= k_i (f_{2(i+1)+1} + f_{2(i+1)}) + 2 = k_i f_{2(i+2)} + 2$$

即式(6.3)成立,类似可证式(6.4). 所以,定理的证明归结为证明式(6.1)和式(6.2).

2.6.5　证明

用数学归纳法证明.

我们已经直接验证式(6)对于 $i = 0，1，2，3，4，5$ 成立.

设式(6.1)对小于 i 的自然数成立,则

$$
\begin{aligned}
f_{4i+3} &= f_{4i+2} + f_{4i+1} = 3f_{4i+1} - f_{4i-1} \\
&= 3(k_{i-1}f_{2(i+1)} + 2) - (f_{4i-2} + f_{4i-3}) \\
&= 3k_{i-1}f_{2(i+1)} + 6 - (k_{i-2}f_{2i+1} + 3) - (k_{i-2}f_{2i} + 2) \\
&= 3k_{i-1}f_{2(i+1)} - k_{i-2}(f_{2i+1} + f_{2i}) + 1 \\
&= 3k_{i-1}f_{2(i+1)} - k_{i-2}f_{2(i+1)} + 1 \\
&= (3k_{i-1} - k_{i-2})f_{2(i+1)} + 1 = k_i f_{2(i+1)} + 1
\end{aligned}
$$

故式(6.1)对 i 成立. 同理可证式(6.2)对 i 成立,由数学归纳法原理,式(6.1)、式(6.2)得证,因而式(5)、式(6)对任意 i 成立.

2.6.6　意义

上述定理的意义在于给出了 F-数列的一种刻画.

仔细观察可以看出,式(6)本质上是关于 F-数列的一组递归关系式,因而是 F-数列的一种刻画. 众所周知,F-数列是"二阶常系数线性齐次递归数列",而定理中的式(6)是一组"一阶变系数非齐次线性递归式",其中的"变系数"(k_i)由式(4)给出. 当 $f_2 = 1$ 确定时,从此开始就可以推出整个 F-数列. 有趣的是,由式(6,1)、式(6.3)可以看出,用奇数编号的 Fibonacci 数由用偶数编号的 Fibonacci 数确定;而式(6.2)、式(6.4)则表明用偶数编号的

Fibonacci 数由用奇数编号的 Fibonacci 数确定. 式(6)较 F-数列定义中的递归式复杂得多,但也深刻得多,它揭示了 Fibonacci 数之间及 Fibonacci 数与其部分和之间的倍数关系或线性关系.

进而,我们作系数数列 $\{k_i\}$ 的差分数列:$H\{h_i = k_i - k_{i-1}\} =$

$$3,\quad 7,\quad 18,\quad 47,\quad 123,\quad 322,\quad 843,\quad \cdots$$

这时

$$h_1 = 3,\quad h_2 = 7$$

容易看出,数列 H 恰好就是偶阶 L-数列(不含第 1 项),它与数列 K 应有相同的递归方程. 事实上,可以看到

$$h_{i+2} = k_{i+2} - k_{i+1} = (3k_{i+1} - k_i) - (3k_i - k_{i-1})$$
$$= 3(k_{i+1} - k_i) - (k_i - k_{i-1}) = 3h_{i+1} - h_i$$

由式(6.1)、式(6.3),有

$$f_{4i+3} = k_i f_{2(i+1)} + 1$$
$$f_{4i+1} = k_{i-1} f_{2(i+1)} + 2$$

相减得

$$f_{4i+2} = h_i f_{2(i+1)} - 1 \tag{7}$$

同样,由式(6.2)、式(6.4)可得

$$f_{4i+3} = h_i f_{2i+3} - 2 \tag{8}$$

将式(7)、式(8)相加,得

$$f_{4i+4} = h_i f_{2i+4} - 3 \tag{9}$$

将式(8)、式(9)相加,得

$$f_{4i+5} = h_i f_{2i+5} - 5 \tag{10}$$

所以,我们有下面的推论.

推论　对于 F-数列有

$$f_{4i+2} = h_i f_{2(i+1)} - 1$$

$$f_{4i+3} = h_i f_{2i+3} - 2$$
$$f_{4i+4} = h_i f_{2i+4} - 3$$
$$f_{4i+5} = h_i f_{2i+5} - 5$$

其中系数数列 $H = \{ h_i = k_i - k_{i-1} \}$ 由

$$h_1 = 3, \quad h_2 = 7, \quad h_{i+2} = 3h_{i+1} - h_i$$

确定.

2.7　F-数列与连分数

　　F-数列与连分数有十分密切的联系:F-数列可以用连分数表示,而连分数又因此成为研究 F-数列的一种工具.

2.7.1　连分数

1. 连分数的意义和值

　　形如

$$q_0 + \cfrac{1}{q_1 + \cfrac{1}{q_2 + \cfrac{1}{q_3 + \cfrac{1}{\ddots}}}} \tag{1}$$

的表达式称为连分数,其中 q_0 为非负整数,$q_1, q_2, q_3, \cdots$ 为正整数,$q_0, q_1, q_2, q_3, \cdots$ 称为连分数的不完全商. 而称

$$q_0, \quad q_0 + \frac{1}{q_1}, \quad q_0 + \cfrac{1}{q_1 + \cfrac{1}{q_2}}, \quad q_0 + \cfrac{1}{q_1 + \cfrac{1}{q_2 + \cfrac{1}{q_3}}}, \quad \cdots$$

$$\tag{2}$$

为连分数的 0 阶、1 阶、2 阶、3 阶……渐近分数.

当不完全商的个数有限时,称连分数为有限连分数,有限连分数就是通常意义下的繁分数,其值与最后一个渐近分数相等,为一个有理数.

当不完全商的个数无限时,称连分数为无限连分数,无限连分数有无限多个渐近分数.我们即将证明,由这无限多个渐近分数依次组成的数列的极限一定存在,我们将此极限作为无限连分数的值.

2. 有理数的连分数展开

有限连分数的值为有理数,反之,任何非负有理数都可以用辗转相除法写成有限连分数的形式,称为有理数的连分数展开.

设给定有理数 $\dfrac{a}{b}$,作辗转相除法

$$\begin{cases} a = bq_0 + r_1 \\ b = r_1q_1 + r_2 \\ r_1 = r_2q_2 + r_3 \\ \cdots\cdots \\ r_{n-2} = r_{n-1}q_{n-1} + r_n \\ r_{n-1} = r_nq_n \end{cases} \tag{3}$$

由第一个式子得

$$\frac{a}{b} = q_0 + \frac{r_1}{b} = q_0 + \cfrac{1}{\cfrac{b}{r_1}}$$

由第二个式子得

$$\frac{b}{r_1} = q_1 + \frac{r_2}{r_1} = q_1 + \cfrac{1}{\cfrac{r_1}{r_2}}$$

代入得

$$\frac{a}{b} = q_0 + \cfrac{1}{q_1 + \cfrac{1}{\cfrac{r_1}{r_2}}}$$

由第三个式子得

$$\frac{r_1}{r_2} = q_2 + \frac{r_3}{r_2} = q_2 + \cfrac{1}{\cfrac{r_2}{r_3}}$$

代入得

$$\frac{a}{b} = q_0 + \cfrac{1}{q_1 + \cfrac{1}{q_2 + \cfrac{r_3}{r_2}}}$$

继续这个过程,最后得

$$\frac{a}{b} = q_0 + \cfrac{1}{q_1 + \cfrac{1}{q_2 + \cfrac{1}{\ddots + \cfrac{1}{q_n}}}} \qquad (4)$$

在辗转相除法中,应有 $q_n > 1$(否则将有 $r_n = r_{n-1}$,故辗转相除法的最后一个余数为 r_{n-1} 而不是 r_n).我们约定将 q_n 写成 $q_n = (q_n - 1) + \dfrac{1}{1}$,而认为最后一个不完全商为1,它前面的一个不完全商为 $q_n - 1$.这个约定对于我们将是方便的.

不难证明,有理数的连分数展开式是唯一的.

因为有理数都能展开成有限连分数,故无限连分数的值必为无理数.

2.7.2　连分数在物理学中的一个应用

1. 电路的电阻

在物理学中,我们知道 n 个电阻$R_1, R_2, \cdots, R_n$ 的串联及并联电路(图 2.2)的电阻的计算:

$$R_串 = R_1 + R_2 + \cdots + R_n, \quad R_并 = \cfrac{1}{\cfrac{1}{R_1} + \cfrac{1}{R_2} + \cdots + \cfrac{1}{R_n}}$$

如果我们有大量的单位电阻(电阻值为 1 Ω),那么,利用 q 个单位电阻串联,可以得到电阻值为任意正整数 q 的电阻线路;利用 q 个单位电阻并联,可以得到电阻值为任意单位分数 $1/q$ 的电阻线路.

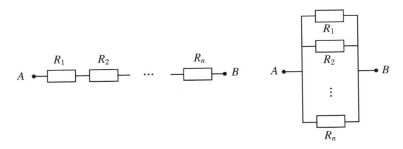

图 2.2

如果将已构造的 p 个电阻值为 $1/q$ 的电阻串联,就可以得到电阻值为任意有理数 p/q 的电阻线路,这时,我们总共用了 pq 个单位电阻. 因为用的单位电阻较多,所以用这种方法构造电阻值为 p/q 的电阻线路,显然有些“笨”. 实际上可以有更好的方法,就是利用有理数的连分数展开.

2. 利用连分数构造电阻电路

取 $q_1, q_3, q_5, \cdots$ 个单位电阻分别串联,构造的电路记为 L_1, $L_3, L_5, \cdots$;取 $q_2, q_4, q_6, \cdots$ 个单位电阻分别并联,构造的电路记为 $L_2, L_4, L_6, \cdots$.

L_1 的电阻值为 q_1;

在 L_1 上串联 L_2,得到的电路的电阻值为 $q_1 + \dfrac{1}{q_2}$;

在 L_2 上再并联 L_3 以代替原来的 L_2 而不改变其他联结,得到的电路的电阻值为 $q_1 + \dfrac{1}{q_2 + \dfrac{1}{q_3}}$;

在 L_3 上再串联 L_4 以代替原来的 L_3 而不改变其他联结,得到的电路的电阻值为

$$q_1 + \cfrac{1}{q_2 + \cfrac{1}{q_3 + \cfrac{1}{q_4}}}$$

在 L_4 上再并联 L_5,在 L_5 上串联 L_6,依次做下去,串联与并联交替进行,我们依次得到的电路的电阻值恰好为 a/b 的连分数展开的各阶渐近分数,故最后得到的电路的电阻值即为

$$\frac{a}{b} = q_1 + \cfrac{1}{q_2 + \cfrac{1}{q_3 + \cfrac{1}{\ddots + \cfrac{1}{q_n}}}}$$

例 构造电阻值为 $\dfrac{26}{11}$ 的电路.

解 先将 $\dfrac{26}{11}$ 展开为连分数:

$$\frac{26}{11} = 2 + \cfrac{1}{2 + \cfrac{1}{1 + \cfrac{1}{3}}}$$

得到

$$q_1 = 2, \quad q_2 = 2, \quad q_3 = 1, \quad q_4 = 3$$

按上面的方法构造,如图 2.3 所示.

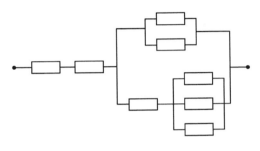

图 2.3

2.7.3　连分数的渐近分数

设已给连分数

$$q_0 + \cfrac{1}{q_1 + \cfrac{1}{q_2 + \cfrac{1}{q_3 + \cfrac{1}{\ddots}}}}$$

其 k 阶渐近分数写成既约分数 $\dfrac{P_k}{Q_k}$,则其各阶渐近分数依次为

$$\frac{P_0}{Q_0} = \frac{q_0}{1}, \quad \frac{P_1}{Q_1} = q_0 + \frac{1}{q_1}, \quad \frac{P_2}{Q_2} = q_0 + \cfrac{1}{q_1 + \cfrac{1}{q_2}}, \quad \cdots \quad (5)$$

下面的引理表示渐近分数 $\dfrac{P_k}{Q_k}$ 的构成法则.

引理　渐近分数 $\dfrac{P_k}{Q_k}$ 的分子和分母有下面的递归关系：

$$P_{k+1} = P_k q_{k+1} + P_{k-1} \tag{6}$$

$$Q_{k+1} = Q_k q_{k+1} + Q_{k-1} \tag{7}$$

并且有

$$P_{k+1} Q_k - P_k Q_{k+1} = (-1)^k \tag{8}$$

证明　用数学归纳法.

显然有 $P_0 = q_0, Q_0 = 1$.

当 $k = 1$ 时

$$\frac{P_1}{Q_1} = q_0 + \frac{1}{q_1} = \frac{q_0 q_1 + 1}{q_1}$$

右边分数的分子与分母互素,即为既约分数,因而

$$P_1 = q_0 q_1 + 1, \quad Q_1 = q_1$$

进而可算得

$$\frac{P_2}{Q_2} = \frac{q_0(q_1 q_2 + 1) + q_2}{q_1 q_2 + 1}$$

由最大公约数的性质可得

$$(q_0(q_1 q_2 + 1) + q_2, q_1 q_2 + 1) = (q_2, q_1 q_2 + 1)$$
$$= (q_2, 1) = 1$$

故上式右边分数的分子与分母互素,即为既约分数,因而

$$P_2 = q_0(q_1 q_2 + 1) + q_2 = (q_0 q_1 + 1)q_2 + q_0 = P_1 q_2 + P_0$$

$$Q_2 = q_1 q_2 + 1 = Q_1 q_2 + Q_0$$

且不难验证

$$P_2 Q_1 - P_1 Q_2 = (-1)^1$$

由此完成归纳奠基.

现设式(6)～式(8)对 k 已成立.

在渐近分数 $\dfrac{P_{k+1}}{Q_{k+1}}$ 中用 $q_{k+1}+\dfrac{1}{q_{k+2}}$ 代 q_{k+1},即得到渐近分数

$\dfrac{P_{k+2}}{Q_{k+2}}$,故由归纳假设可知

$$\frac{P_{k+2}}{Q_{k+2}} = \frac{P_k\left(q_{k+1}+\dfrac{1}{q_{k+2}}\right)+P_{k-1}}{Q_k\left(q_{k+1}+\dfrac{1}{q_{k+2}}\right)+Q_{k-1}} = \frac{P_{k+1}q_{k+2}+P_k}{Q_{k+1}q_{k+2}+Q_k}$$

又由于对右边分数的分子和分母,由归纳假设有

$$(P_{k+1}q_{k+2}+P_k)Q_{k+1}-(Q_{k+1}q_{k+2}+Q_k)P_{k+1}$$
$$= -(P_{k+1}Q_k-P_kQ_{k+1}) = (-1)^{k+1} \tag{9}$$

故分子和分母的最大公约数是 -1 的约数,即为 1,这说明右边的
分数是既约分数,因而

$$P_{k+2} = P_{k+1}q_{k+2}+P_k$$
$$Q_{k+2} = Q_{k+1}q_{k+2}+Q_k$$

而式(9)可写成

$$P_{k+2}Q_{k+1}-P_{k+1}Q_{k+2} = (-1)^{k+1}$$

这说明式(6)～式(8)对 $k+1$ 成立.由数学归纳法,引理得证.

推论　1. $\dfrac{P_{k+1}}{Q_{k+1}}-\dfrac{P_k}{Q_k}=\dfrac{(-1)^k}{Q_kQ_{k+1}}$.

2. $P_0<P_1<P_2<\cdots$;

　　$Q_0<Q_1<Q_2<\cdots$.

由 2 可得 $P_n\geqslant n$,$Q_n\geqslant n$,故有

$$\lim_{n\to\infty}P_n = \infty, \quad \lim_{n\to\infty}Q_n = \infty$$

2.7.4　无限连分数的收敛性

现在我们证明无限连分数的渐近分数组成的数列 $\left\{\dfrac{P_n}{Q_n}\right\}$ 的极限存在.

首先,分别考察阶数为奇数和阶数为偶数时渐近分数组成的数列 $\left\{\dfrac{P_{2k+1}}{Q_{2k+1}}\right\}$ 和 $\left\{\dfrac{P_{2k}}{Q_{2k}}\right\}$. 由

$$\frac{P_{2k+2}}{Q_{2k+2}} - \frac{P_{2k}}{Q_{2k}} = \frac{P_{2k+2}}{Q_{2k+2}} - \frac{P_{2k+1}}{Q_{2k+1}} + \frac{P_{2k+1}}{Q_{2k+1}} - \frac{P_{2k}}{Q_{2k}}$$

$$= \frac{-1}{Q_{2k+2}Q_{2k+1}} + \frac{1}{Q_{2k+1}Q_{2k}} > 0$$

$$\frac{P_{2k+3}}{Q_{2k+3}} - \frac{P_{2k+1}}{Q_{2k+1}} = \frac{1}{Q_{2k+3}Q_{2k+2}} - \frac{1}{Q_{2k+2}Q_{2k+1}} < 0$$

可知数列 $\left\{\dfrac{P_{2k+1}}{Q_{2k+1}}\right\}$ 单调递减,而数列 $\left\{\dfrac{P_{2k}}{Q_{2k}}\right\}$ 单调递增.

其次,对于任意的 $\dfrac{P_{2n}}{Q_{2n}}$ 与 $\dfrac{P_{2m+1}}{Q_{2m+1}}$,取奇数 k 比 $2n, 2m+1$ 都大,则由 2.7.3 节推论 1 可知

$$\frac{P_k}{Q_k} > \frac{P_{k+1}}{Q_{k+1}}$$

又由刚才证明的数列的单调性,可知

$$\frac{P_{k+1}}{Q_{k+1}} > \frac{P_{2n}}{Q_{2n}}, \quad \frac{P_k}{Q_k} < \frac{P_{2m+1}}{Q_{2m+1}}$$

于是有

$$\frac{P_{2n}}{Q_{2n}} < \frac{P_{2m+1}}{Q_{2m+1}}$$

这说明任意奇数阶渐近分数大于任意偶数阶渐近分数,因而偶数

阶渐近分数单调增加且有上界,奇数阶渐近分数单调减少且有下界,故两个数列均有极限.

最后,可得

$$\left| \frac{P_{n+1}}{Q_{n+1}} - \frac{P_n}{Q_n} \right| = \frac{1}{Q_{n+1}Q_n} < \frac{1}{n^2} \to 0$$

故数列 $\left\{ \dfrac{P_{2k}}{Q_{2k}} \right\}$,$\left\{ \dfrac{P_{2k+1}}{Q_{2k+1}} \right\}$ 有相同的极限,它就是数列 $\left\{ \dfrac{P_n}{Q_n} \right\}$ 的极限.

2.7.5　F-数列与连分数

1. F-数列的连分数表示

定理　如果无限连分数的所有不完全商均为 1,则其各阶渐近分数的分子(分母)顺次组成的数列 $\{P_n\}$,$\{Q_n\}$($n \geqslant 0$)恰为 F-数列:

$$P_n = f_{n+2}, \quad Q_n = f_{n+1} \tag{10}$$

而其 $n-1$ 阶渐近分数为

$$\frac{P_n}{Q_n} = \frac{f_{n+2}}{f_{n+1}}$$

证明　首先,在式(6)、式(7)中取 $q_{k+1}=1$,则有

$$P_{k+1} = P_k + P_{k-1}, \quad Q_{k+1} = Q_k + Q_{k-1}$$

故数列 $\{P_n\}$,$\{Q_n\}$($n \geqslant 0$)满足 F-数列的递归方程;又

$$\frac{P_0}{Q_0} = \frac{q_0}{1} = \frac{f_2}{f_1}$$

$$\frac{P_1}{Q_1} = q_0 + \frac{1}{q_1} = 1 + \frac{1}{1} = 2 = \frac{f_3}{f_2}$$

故

$$P_0 = f_2, \quad P_1 = f_3$$

$$Q_0 = f_1, \quad Q_1 = f_2$$

故其初始值与 F-数列一致,定理由此得证.

由于 F-数列与数列 $\{P_n\}$ 或 $\{Q_n\}$ 一致,因此 F-数列可用所有不完全商都为 1 的无穷连分数的各阶渐近分数的序列 $\{P_n/Q_n:$ $n \geqslant 0\}$ 表示,称为 F-数列的连分数表示.如果引入函数

$$G(x) = \frac{1}{1+x}$$

且记

$$G^{(0)}(x) = 1, \quad G^{(1)}(x) = G(x)$$
$$G^{(n+1)}(x) = G(G^{(n)}(x)), \quad n \geqslant 1$$

则

$$\frac{P_n}{Q_n} = G^{(n)}\left(\frac{1}{1}\right)$$

此式的右边表示用 $\frac{1}{1}$ 代入 $G^{(n)}(x)$ 中的 x 且将分数化为既约分数.

2. F-数列与连分数

如果有限连分数的不完全商除有一个为 2 外其余都为 1,这样的连分数的值也可以用 Fibonacci 数表示.显然,这个值与 2 所在的位置有关.

命题　设连分数有 n 个不完全商,其中 $q_i = 2$,其余不完全商均为 1,则此连分数的值为

$$u_{n,i} = \frac{f_{i+1}f_{n+3-i} + f_i f_{n+1-i}}{f_i f_{n+3-i} + f_{i-1}f_{n+1-i}} \tag{11}$$

证明　当 $i = 0$ 时,对所有的 n,连分数的值为

$$2 + \cfrac{1}{1 + \cfrac{1}{1 + \cfrac{\ddots}{\ddots + \cfrac{1}{1}}}} = 1 + 1 + \cfrac{1}{1 + \cfrac{1}{1 + \cfrac{\ddots}{\ddots + \cfrac{1}{1}}}}$$

$$= 1 + \frac{P_n}{Q_n} = 1 + \frac{f_{n+2}}{f_{n+1}} = \frac{f_{n+3}}{f_{n+1}}$$

这时,易知式(11)成立.

设式(11)对所有 n 及 i 已经成立,则由

$$u_{n,i+1} = 1 + \cfrac{1}{1 + \cfrac{\ddots}{\ddots \cfrac{1}{2 + \cfrac{\ddots}{\ddots + \cfrac{1}{1}}}}} = 1 + \cfrac{1}{u_{n-1,i}}$$

$$= 1 + \frac{f_i f_{n+2-i} + f_{i-1} f_{n-i}}{f_{i+1} f_{n+2-i} + f_i f_{n-i}} = \frac{f_{i+2} f_{n+2-i} + f_{i+1} f_{n-i}}{f_{i+1} f_{n+2-i} + f_i f_{n-i}}$$

$$= \frac{f_{(i+1)+1} f_{n+3-(i+1)} + f_{i+1} f_{n+1-(i+1)}}{f_{i+1} f_{n+3-(i+1)} + f_{(i+1)-1} f_{n+1-(i+1)}}$$

可知式(11)对所有 n 及 $i+1$ 成立.由数学归纳法,式(11)得证.

3. 利用连分数研究 F-数列

根据 F-数列的连分数表示,可由连分数的渐近分数的性质得到 F-数列的相应性质.

首先,由渐近分数为既约分数可知,相邻的两个 Fibonacci 数互质.

其次,由式(8)和式(10)可得

$$f_{k+3}f_{k+1} - f_{k+2}^2 = (-1)^{k+2}$$

这就是 Cassini 恒等式 1.

再次,对于所有不完全商均为 1 的无限连分数,设其值(即其渐近分数 $\dfrac{f_{n+1}}{f_n}$ 的极限)为 α,则由

$$\frac{P_n}{Q_n} = 1 + \cfrac{1}{\dfrac{P_{n-1}}{Q_{n-1}}}$$

令 $n \to \infty$,得

$$\alpha = 1 + \frac{1}{\alpha}$$

因而

$$\alpha^2 - \alpha - 1 = 0$$

故 α 是方程 $x^2 - x - 1 = 0$ 的正根,$\alpha = \dfrac{1+\sqrt{5}}{2}$. 由此得到,相邻的两个 Fibonacci 数之比当下标趋于无穷时的极限为

$$\lim_{n \to \infty} \frac{f_{n+1}}{f_n} = \alpha = \frac{1+\sqrt{5}}{2}$$

因而又有

$$\lim_{n \to \infty} \frac{f_n}{f_{n+1}} = \frac{\sqrt{5}-1}{2}$$

连分数也是研究 F-数列的有用工具,例如,我们可用它来证明 Cassini 恒等式 2:

$$f_{m+n} = f_{m-1}f_n + f_m f_{n+1} \tag{12}$$

证明　固定 n,对 m 用数学归纳法.

当 $m = 1, 2$ 时,考察所有不完全商为 1 的无限连分数,其 n 阶

渐近分数的分母、分子分别为

$$Q_n = f_{n+1} = f_0 f_n + f_1 f_{n+1}$$

$$P_n = f_{n+2} = f_0 f_{n+1} + f_1 f_{n+2}$$

此时式(12)成立；

设式(12)对 $m, m+1$ 已经成立,考察 $m+n$ 阶渐近分数

$$\frac{P_{m+n}}{Q_{m+n}} = \frac{f_{m+n+2}}{f_{m+n+1}} = 1 + \cfrac{1}{1 + \cfrac{1}{\ddots + \cfrac{1}{1}}} = 1 + \cfrac{1}{\dfrac{P_{m+n-1}}{Q_{m+n-1}}}$$

$$= 1 + \frac{f_{m+n}}{f_{m+n+1}} = 1 + \frac{f_{m-1}f_n + f_m f_{n+1}}{f_m f_n + f_{m+1}f_{n+1}}$$

$$= \frac{f_{m+1}f_n + f_{m+2}f_{n+1}}{f_m f_n + f_{m+1}f_{n+1}}$$

故得

$$f_{m+n+2} = f_{m+1}f_n + f_{m+2}f_{n+1}$$

即式(12)对 $m+2$ 亦成立. 由数学归纳法,式(12)得证.

第 3 章　Fibonacci 数列与几何

黄金分割和黄金数是大家都熟悉的,但若联系 F-数列,黄金数就是相邻两个 Fibonacci 数之比当下标趋向于无穷时的极限.以黄金数和 Fibonacci 数为度量或度量关系的几何图形(三角形、正方形、矩形及椭圆)往往具有有趣的性质,本章将讨论这些图形和性质.

3.1　Fibonacci 三角形

不存在以 Fibonacci 数为边长的不等边三角形.所以只要讨论以 Fibonacci 数为边长的等腰三角形,其中面积也为整数的三角形(海伦三角形)称为 Fibonacci 三角形.我们按底与腰的长度关系将其分为两类.

3.1.1　以 Fibonacci 数为边长的三角形

首先,容易知道,不存在以 Fibonacci 数为边长的不等边三角形.

事实上,对于任意 $f_p < f_q < f_r$,$p < q < r$,都有
$$f_p + f_q \leqslant f_{r-2} + f_{r-1} = f_r$$
不符合三角形边的不等式.

其次,任意线段均可为等边三角形的边,所以存在以任何 Fibonacci 数为边长的等边三角形.

故我们只需讨论以 Fibonacci 数为边长的等腰三角形.

设三角形的腰长为 f_p, 底长为 f_q. 这时三角形可以分为两类.

第一类, 腰小于底. 这时有

$$f_p < f_q, \quad 2f_p > f_q$$

故

$$f_q < 2f_p = f_p + f_p < f_p + f_{p+1} = f_{p+2}$$

因而 $p < q < p+2$, 即 $q = p+1$.

所以, 第一类以 Fibonacci 数为边长的等腰三角形的腰与底是相邻 Fibonacci 数. 又因为等腰直角三角形的底与腰的比为无理数, 所以也不存在以 Fibonacci 数为边长的等腰直角三角形.

第二类, 腰大于底. 这时腰和底可为任意 Fibonacci 数 f_p, f_q, $p > q$.

3.1.2　Fibonacci 三角形

如果以 Fibonacci 数为边长的三角形的面积为整数(即为海伦三角形), 则称此三角形为 Fibonacci 三角形. 所以 Fibonacci 三角形必为等腰三角形. 我们也按腰与底的关系将其分为第一类与第二类. 显然, 不是所有以 Fibonacci 数为边长的等腰三角形都是 Fibonacci 三角形, 所以我们首先遇到的是 Fibonacci 三角形的存在性问题.

设 Fibonacci 三角形的腰长为 f_p, 底长为 f_q, 则三角形的面积

$$s = \frac{1}{2} f_q \sqrt{f_p^2 - \left(\frac{1}{2} f_q\right)^2} = \frac{1}{4} f_q \sqrt{4f_p^2 - f_q^2}$$

应为整数, 故 f_q 为偶数, 即 Fibonacci 三角形的底长必为偶数, 因而其下标 q 必为 3 的倍数. 这是 Fibonacci 三角形存在的一个必要条件.

　　进而,对于第一类 Fibonacci 三角形,$p = q - 1$.由上面的式子,要使 s 为整数,必须且只需 $4f_{q-1}^2 - f_q^2$ 为完全平方数.由递归方程及 Catalan 恒等式可得

$$
\begin{aligned}
4f_{q-1}^2 - f_q^2 &= (2f_{q-1} + f_q)(2f_{q-1} - f_q) \\
&= (f_{q-1} + f_{q+1})f_{q-3} \\
&= f_{q-1}f_{q-3} + f_{q+1}f_{q-3} \\
&= f_{q-2}^2 + (-1)^{q-2} + f_{q-1}^2 + (-1)^q f_2^2 \\
&= f_{2q-3} + 2(-1)^q
\end{aligned}
$$

故存在第一类 Fibonacci 三角形,则 $f_{2q-3} + 2(-1)^q$ 必为完全平方数.这是第一类 Fibonacci 三角形存在的充要条件.注意 q 为 3 的倍数,故 $2q - 3$ 也为 3 的倍数.当 $q = 6$ 时,$f_9 + 2 = 34 + 2 = 36$ 为完全平方数,这时确存在以 $f_6 = 8$ 为底、$f_5 = 5$ 为腰的等腰三角形,其面积 12 为整数.后面(5.4 节)我们将证明这是唯一存在的第一类 Fibonacci 三角形.

　　第 2 类 Fibonacci 三角形的存在性问题尚未解决.

3.2　由 Fibonacci 数生成的直角三角形

　　直角三角形都是不等边三角形,所以不存在 Fibonacci 数为边长的直角三角形.但由熟知的勾股数定理,若由任意一对正整数 p,q 可以构造出一个直角三角形的三边,则可称直角三角形为由 (p, q) 所生成的.特别地,当 p,q 均为 Fibonacci 数时,则称此直角三角形为由 Fibonacci 数生成的直角三角形,或称为 Fibonacci 直角三角形.

3.2.1　整边直角三角形

　　边长为整数的直角三角形称为整边直角三角形,因为两直角边中至少有一个为偶数,故整边直角三角形的面积必为整数,因而整边直角三角形一定是海伦三角形.

　　任取正整数 $p,q,p>q$,以 $p^2-q^2,2pq,p^2+q^2$ 为边的直角三角形,称为由 (p,q) 生成的整边直角三角形,而此三边依次称为勾、股、弦.如果不区别相似三角形,那么,用这样的方法可以构造出所有的整边直角三角形.这时,三角形的周长为

$$l = (p^2 - q^2) + 2pq + (p^2 + q^2) = 2p(p + q)$$

面积为

$$s = \frac{1}{2} \times 2pq \times (p^2 - q^2) = pq(p + q)(p - q)$$

故整边直角三角形的周长为偶数,面积为整数(所以是海伦三角形),在数值上,半周长是面积的因数,而三角形内切圆的半径也为整数:

$$r = q(p - q)$$

3.2.2　Fibonacci 直角三角形

1. Fibonacci 直角三角形及其判定

　　由两个 Fibonacci 数生成的整边直角三角形称为 Fibonacci 直角三角形.

　　现给定勾、股、弦分别为 a,b,c 的整边直角三角形,问:此三角形是否为 Fibonacci 直角三角形? 这是 Fibonacci 直角三角形的判定问题.

设此三角形由 (p,q) 生成，则

$$a = p^2 - q^2, \quad b = 2pq, \quad c = p^2 + q^2$$

于是可知：

(1) b 为偶数，a，c 同奇偶性，$a^2 + b^2 = c^2$；

(2) $b + c$ 为完全平方数：$(p+q)^2$；

(3) $\dfrac{1}{2}(c+a)$ 为完全平方数：p^2；

(4) $\dfrac{1}{2}(c-a)$ 为完全平方数：q^2.

由此解出

$$p = \frac{1}{2}\sqrt{2(c+a)}, \quad q = \frac{1}{2}\sqrt{2(c-a)}$$

要使三角形为 Fibonacci 直角三角形，必须且只需 (p,q) 为 Fibonacci 数，由 Fibonacci 数的判定定理可得下面的定理.

定理　以满足条件(1)～(4)的整数 a，b，c 为边的三角形是 Fibonacci 直角三角形，当且仅当 $\dfrac{5}{2}(c+a) \pm 4$ 及 $\dfrac{5}{2}(c-a) \pm 4$ 中各有一个完全平方数.

2. Fibonacci 直角三角形的分类

由两个 Fibonacci 数生成的直角三角形称为 Fibonacci 直角三角形.

为了系统地讨论这类三角形，我们可以将其分类，有两种分类的方法：用 $T(p,q)$ 表示由正整数 p，q 生成的直角三角形.

(1) $T(k) = \{T(f_{n+k}, f_k) : n \geqslant 1\}$，$k \geqslant 1$；

(2) $H(k) = \{T(f_{n+k}, f_n) : n \geqslant 1\}$，$k \geqslant 1$.

Fibonacci 直角三角形可以由任意两个 Fibonacci 数 (f_m, f_n)

生成,但我们只讨论下面三种类型的 Fibonacci 直角三角形:

第一类 $H(1)$:由相邻的两个 Fibonacci 数 $p = f_{n+1}, q = f_n$ 生成;

第二类 $H(2)$:由相间的两个 Fibonacci 数 $p = f_{n+1}, q = f_{n-1}$ 生成;

第三类 $T(1)(= T(2))$:由 Fibonacci 数 $p = f_n(n \geqslant 3)$ 及 $q = f_1 = f_2 = 1$ 生成.

3.2.3　第一类 Fibonacci 直角三角形

1. 基本元素的度量

第一类 Fibonacci 直角三角形由 (f_n, f_{n+1}) 生成,其基本元素有以下的度量.

勾:

$$a = f_{n+1}^2 - f_n^2 = (f_{n+1} - f_n)(f_{n+1} + f_n) = f_{n-1}f_{n+2}$$

股:

$$b = 2f_{n+1}f_n$$

弦:

$$c = f_n^2 + f_{n+1}^2 = f_{2n+1}$$

周长:

$$l = 2p(p + q) = 2f_{n+1}(f_n + f_{n+1})$$
$$= 2f_{n+1}f_{n+2} = (f_{n-1} + f_n + f_{n+1})f_{n+2}$$

面积:

$$s = \frac{1}{2}ab = f_{n-1}f_nf_{n+1}f_{n+2}$$

2. 第一类 Fibonacci 直角三角形的性质

由上面的讨论可得第一类 Fibonacci 直角三角形的以下性质:

(1) 第一类 Fibonacci 直角三角形的弦长是编号为奇数的 Fibonacci 数.

在讨论 Fermat 四元组时我们已经知道,对任意的 k,$4f_{k+1} \cdot f_{k+2}f_{k+3}f_{k+4}+1$ 为完全平方数,而第一类 Fibonacci 直角三角形的面积 s 恰是相邻的四个 Fibonacci 数之积,所以有以下性质.

(2) 对于第一类 Fibonacci 直角三角形的面积 s,$4s+1$ 必为完全平方数.

另一方面,由勾股定理可得下面的恒等式:

$$(f_{n-1}f_{n+2})^2 + (2f_{n+1}f_n)^2 = f_{2n+1}^2$$

这个恒等式给出关于相邻的四个 Fibonacci 数之间的关系.

3. 第一类 Fibonacci 直角三角形的判定

利用 Catalan 恒等式,我们将勾、股分别写成

$$a = f_{n-1}f_{n+2} = f_{n-1}(f_n + f_{n+1}) = f_{n-1}f_n + f_{n-1}f_{n+1}$$
$$= f_{n-1}f_n + f_n^2 + (-1)^n$$
$$b = 2f_nf_{n+1} = 2f_n(f_{n-1} + f_n) = 2(f_nf_{n-1} + f_n^2)$$

故

$$b - 2a = 2(-1)^{n+1}$$

即勾的二倍与股的差的绝对值为 2.

对于第一类 Fibonacci 直角三角形,这个条件是必要的,也是充分的,我们有以下的定理.

定理(第一类 Fibonacci 直角三角形判定定理)　整边直角三角形是第一类 Fibonacci 直角三角形,当且仅当勾的二倍与股的差的绝对值为 2.

证明　只需证充分性.

设三角形由 (p, q) 生成,则依条件有

$$b - 2a \pm 2 = 2pq - 2(p^2 - q^2) \pm 2 = 0$$

即

$$p^2 - pq - q^2 \pm 1 = 0$$

由于 $p > q$，故

$$p = \frac{1}{2}(q + \sqrt{q^2 + 4(q^2 \pm 1)}) = \frac{1}{2}(q + \sqrt{5q^2 \pm 4})$$

但 p 为整数，故 $5q^2 \pm 4$ 是完全平方数，由 Fibonacci 数的判定，q 是 Fibonacci 数；由 Fibonacci 数的一阶递归表示，p 是 q 的后继 （即下标大于 1）的 Fibonacci 数，故 p，q 为相邻的 Fibonacci 数，而 三角形是第一类 Fibonacci 直角三角形.

3.2.4　第二类 Fibonacci 直角三角形

1. 基本元素的度量

第二类 Fibonacci 直角三角形由 (f_{n+1}, f_{n-1}) 生成，其基本元 素有以下的度量.

勾：

$$a = f_{n+1}^2 - f_{n-1}^2 = f_{2n}$$

股：

$$b = 2f_{n-1}f_{n+1} = 2(f_n^2 + (-1)^n)$$

弦：

$$c = f_{n-1}^2 + f_{n+1}^2 = (f_{n+1} - f_{n-1})^2 + 2f_{n-1}f_{n+1}$$
$$= f_n^2 + 2(f_n^2 + (-1)^n) = 3f_n^2 + 2(-1)^n$$

周长：

$$l = 2f_{n+1}(f_{n+1} + f_{n-1})$$

面积：

$$s = f_{n+1}f_{n-1}(f_{n+1}^2 - f_{n-1}^2) = \frac{1}{2}lf_{n-1}(f_{n+1} - f_{n-1}) = \frac{1}{2}lf_{n-1}f_n$$

我们看到,第二类 Fibonacci 直角三角形的勾是编号为偶数的 Fibonacci 数.

又由勾股定理,可得

$$f_{2n}^2 + (2(f_n^2 + (-1)^n))^2 = (3f_n^2 + 2(-1)^n)^2$$

即

$$f_{2n}^2 = f_n^2(5f_n^2 + 4(-1)^n) = f_n^2 l_n^2$$

我们重新得到已知的恒等式 $f_{2n} = f_n l_n$.

2. 第二类 Fibonacci 直角三角形的判定

由上面的公式可知

$$|2c - 3b| = |2(3f_n^2 + 2(-1)^n) - 3 \times 2(f_n^2 + 2(-1)^n)| = 2$$

对于第二类 Fibonacci 直角三角形,这个条件是必要的,也是充分的,我们有以下的定理.

定理(第二类 Fibonacci 直角三角形判定定理)　整边直角三角形是第二类 Fibonacci 直角三角形,当且仅当弦的二倍与股的三倍之差的绝对值为 2.

证明　只需证充分性.

依条件,$2c - 3b = \pm 2$,即

$$2(p^2 + q^2) - 3 \times 2pq = \pm 2$$

整理得

$$p^2 - 3pq + q^2 \pm 1 = 0$$

视为 p 的一元二次方程,则可解出

$$p = \frac{1}{2}(3q \pm \sqrt{5q^2 \pm 4})$$

故 $5q^2 \pm 4$ 为完全平方数,而 q 为 Fibonacci 数. 同理,p 为

Fibonacci 数.

将上面的一元二次方程化为

$$q^2 + (p - q)q - (p - q)^2 \pm 1 = 0$$

故

$$q = \frac{q - p}{2} \pm \sqrt{5(p - q)^2 \pm 4}$$

由此可知,$5(p - q)^2 \pm 4$ 为完全平方数,而 $p - q$ 为 Fibonacci 数,这时,p,q 必为相邻或相间的 Fibonacci 数.但由 Fibonacci 数的一阶递归表示,p,q 不相邻,故为相间的 Fibonacci 数,因此三角形为第二类 Fibonacci 直角三角形.

3.2.5　第三类 Fibonacci 直角三角形

1. 基本元素的度量

第三类 Fibonacci 直角三角形由 $p = f_n$,$q = f_1 = f_2 = 1$ 生成.

当 n 为偶数时,设 $n = 2k$,由 Catalan 恒等式

$$f_{2k-1}f_{2k+1} - f_{2k}^2 = (-1)^{2k}f_1^2 = 1$$

$$f_{2k-2}f_{2k+2} - f_{2k}^2 = (-1)^{2k+2-1}f_2^2 = -1$$

可得:

勾:

$$p^2 - q^2 = f_{2k}^2 - 1 = f_{2k-2}f_{2k+2}$$

股:

$$2pq = 2f_{2k}$$

弦:

$$p^2 + q^2 = f_{2k}^2 + 1 = f_{2k-1}f_{2k+1}$$

由此及勾股定理可得由偶数编号开始的相邻的五个 Fibonacci

数之间的一个恒等式

$$(f_{2k-2}f_{2k+2})^2 + (2f_{2k})^2 = (f_{2k-1}f_{2k+1})^2$$

当 n 为奇数时,设 $n = 2k - 1$,由 Catalan 恒等式

$$f_{2k-2}f_{2k} - f_{2k-1}^2 = (-1)^{2k-1}f_1^2 = -1$$

$$f_{2k-3}f_{2k+1} - f_{2k-1}^2 = (-1)^{2k+1-1}f_2^2 = 1$$

可得:

勾:

$$p^2 - q^2 = f_{2k-1}^2 - 1 = f_{2k-2}f_{2k}$$

股:

$$2pq = 2f_{2k-1}$$

弦:

$$p^2 + q^2 = f_{2k-1}^2 + 1 = f_{2k-3}f_{2k+1}$$

由此及勾股定理可得由奇数编号开始的相邻的五个 Fibonacci 数之间的一个恒等式

$$(f_{2k-2}f_{2k})^2 + (2f_{2k-1})^2 = (f_{2k-3}f_{2k+1})^2$$

可以看出,对于第三类 Fibonacci 直角三角形,股的一半是 Fibonacci 数.

容易算出第三类 Fibonacci 直角三角形的周长和面积分别为

$$l = 2p(p + q) = 2f_n(f_n + 1)$$

$$s = f_n(f_n^2 - 1) = \begin{cases} f_{n-1}f_nf_{n+1}, & n \text{ 为奇数} \\ f_{n-2}f_nf_{n+2}, & n \text{ 为偶数} \end{cases}$$

2. 第三类 Fibonacci 直角三角形的判定

对于第三类 Fibonacci 直角三角形,弦与勾之差为 2,即

$$c - b = (p^2 + q^2) - (p^2 - q^2) = 2q^2 = 2$$

由此得

$$f_{2k-1}f_{2k+1} - f_{2k-2}f_{2k+2} = 2$$

$$f_{2k-3}f_{2k+1} - f_{2k-2}f_{2k} = 2$$

这是关于相邻的五个 Fibonacci 数之间的一个关系式.

关于第三类 Fibonacci 直角三角形的判定,我们有下面的定理.

定理(第三类 Fibonacci 直角三角形判定定理)　由 (p,q) 生成的整边直角三角形为第三类 Fibonacci 直角三角形,当且仅当其边 a,b,c 满足条件 $c-a=2$,且 $5\left(\dfrac{b}{2}\right)^2 \pm 4$ 中有一个完全平方数.

证明　首先,当且仅当 $q = 1 = f_1 = f_2$ 时

$$c - a = 2q^2 = 2$$

其次,$b = 2pq = 2p$,故 $p = \dfrac{b}{2}$ 为 Fibonacci 数,当且仅当 $5\left(\dfrac{b}{2}\right)^2 \pm 4$ 中有一个完全平方数.

综上所述,定理得证.

3.3　Fibonacci 正方形(序列)

正方形的边长可以为任何数,当然可以为任何 Fibonacci 数. 以 Fibonacci 数为边长的正方形称为 Fibonacci 正方形,本节讨论这类正方形的性质.

3.3.1　Fibonacci 正方形的划分

1. 边长为相邻 Fibonacci 数的矩形

边长为 Fibonacci 数的矩形都可以划分为若干个 Fibonacci 正方形.

首先,我们证明下面的求和公式:

$$f_1^2 + f_2^2 + \cdots + f_n^2 = f_n f_{n+1} \tag{1}$$

证明　由递归方程可知

$$f_k^2 = f_k(f_{k+1} - f_{k-1}) = f_k f_{k+1} - f_{k-1} f_k$$

于是有

$$f_1^2 = f_1 f_2$$
$$f_2^2 = f_2 f_3 - f_1 f_2$$
$$f_3^2 = f_3 f_4 - f_2 f_3$$
$$\cdots\cdots$$
$$f_n^2 = f_n f_{n+1} - f_{n-1} f_n$$

将这些式子相加,即得式(1).

从代数上看,式(1)表示边长为相邻 Fibonacci 数的矩形的面积恰等于若干 Fibonacci 正方形面积之和.进而,从几何上看,这个矩形确能按图 3.1 的方式划分为若干 Fibonacci 正方形(注意其中仅有两个正方形的面积均为 1,其余正方形的边长都不相同).

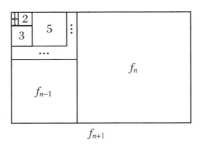

图 3.1

2. Fibonacci 正方形都可以划分为若干较小的 Fibonacci 正方形

考察边长为 f_{n+1}($n \geqslant 2$)的正方形.由上面的公式可得

$$(f_n + f_{n-1})^2 = f_n^2 + f_{n-1}^2 + 2f_n f_{n-1} = f_n^2 + f_{n-1}^2 + 2\sum_{i=1}^{n-1} f_i^2$$

此式也可写成

$$f_{n+1}^2 = f_n^2 + 3f_{n-1}^2 + 2\sum_{i=1}^{n-2} f_i^2$$

这说明 Fibonacci 正方形可以划分为若干 Fibonacci 正方形,而这种划分可以按图 3.2 的方式实现.

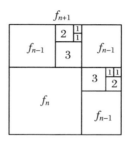

图 3.2

3.3.2　Fibonacci 正方形序列

将边长为 Fibonacci 数 $1, 1, 2, 3, 5, 8, \cdots$ 的正方形按图 3.2 所示的方式排列起来,得到一个 Fibonacci 正方形的序列.在这个图中,所有的矩形都由正方形拼成,并且每个矩形中除了两个最小的边长均为 1 外,其余的正方形边长都互不相等.我们称这样的矩形为半完美矩形.如果考察这些正方形的中心,我们发现,这些中心恰在两条互相垂直的直线上.我们将用两种不同的方法(综合法、解析法)证明这一事实.

方法 1(综合法)　先证明下面的引理.

引理　如图 3.3 所示,已知四边形 $ABCD$,$AEFG$ 都是平行四

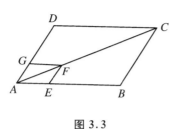

图 3.3

边形,且

$$AE : AB = AG : AD$$

则 □$ABCD$ 与 □$AEFG$ 是以 A 为位似中心的位似形,因而 A, F, C 共线.

证明　连接 AC.设直线 EF 交 AC 于 F_1,GF 交 AC 于 F_2,则由 $EF /\!/ BC$,$GF /\!/ DC$ 可知

$$AF_1 : F_1 C = AE : EB$$

$$AF_2 : F_2 C = AG : GD$$

但

$$AE : AB = AG : AD$$

故

$$AE : EB = AG : GD$$

因而

$$AF_1 : F_1 C = AF_2 : F_2 C$$

故 F_1 与 F_2 重合,它就是 EF,GF 的交点 F.这时

$$AE : AB = AF : AC = AG : AD$$

所以 □$ABCD$ 与 □$AEFG$ 是位似形,而 A, F, C 三点共线.

现在我们证明上面的结论.如图 3.4 所示,以 O_1,O_2,O_3,O_4,…依次表示各正方形的中心,顺次作出各正方形的对角线 DA,AC,CG,GF,FH,HJ,JK,KL,…,则易知

$$DA /\!/ CG /\!/ FH /\!/ JK /\!/ \cdots$$

又各正方形的水平边相互平行

$$DC /\!/ BF /\!/ EG /\!/ HI /\!/ \cdots$$

这两组平行线围成平行四边形 $BCDA$,$BGEF$,$EJIH$,$IKTL$,…,

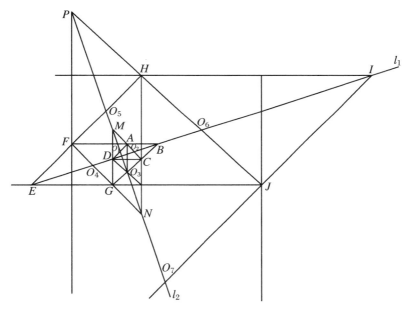

图 3.4

易知

$$BA : BF = BC : BG = 1 : 3$$

由引理可知,□$BCDA$ 与 □$BGEF$ 是位似形且 E,D,B 共线,而这两个平行四边形的中心 O_2,O_4 分别是 BD,BE 的中点,故 O_2,O_4 都在 DB(即 BE)上.同样,由

$$EG : EJ = EF : FH = 3 : 8$$

可知 E,B,I 共线,且 O_4,O_6 都在 BE 即 DB 上.

由此,应用数学归纳法可知 $O_2,O_4,O_6,\cdots$ 都在同一直线 DB 上.

类似地,对于正方形的对角线有

$$AC \mathbin{\!/\mkern-5mu/\!} GF \mathbin{\!/\mkern-5mu/\!} HJ \mathbin{\!/\mkern-5mu/\!} KL \mathbin{\!/\mkern-5mu/\!} \cdots$$

又各正方形的竖直边相互平行,这两组平行线围成一列平行四边形 MDO_3A,$MGNC$,$NHPF$,$\cdots$,其中每相邻的两个平行四边形是位似形,与前面一样,可知 O_1,O_3,O_5,$\cdots$ 都在同一直线 MO_3 上.

又因为平行四边形 $BCDA$,MDO_3A 是全等形,它们有一组对应边 DC,O_3A 相互垂直,故它们的对角线 DB 与 MO_3 也相互垂直.

综上所述,所有正方形的中心全部落在相互垂直的两条直线上.

方法 2(解析法)　记第 i 个正方形的中心为 O_i.以 O_1 为原点,过 O_1 且与正方形的边平行的直线为坐标轴建立直角坐标系(图 3.5).在此坐标系中,O_i 的坐标记为 (x_i,y_i).

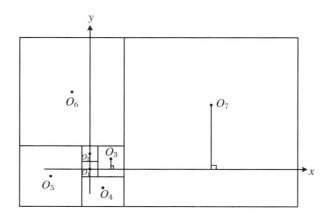

图 3.5

按照正方形的排列方式,显然,O_1 为坐标原点,O_3,O_7,O_{11},$\cdots$ 在第一象限,O_2 在 y 轴上,O_6,O_{10},$\cdots$ 在第二象限,O_5,

$O_9, O_{13}, \cdots$ 在第三象限，$O_4, O_8, O_{12}, \cdots$ 在第四象限.

在一象限中，对于点 O_3, O_7 有

$$x_7 - x_3 = \frac{1}{2}(f_7 + f_3)$$

$$y_7 - y_3 = \frac{1}{2}f_7 - f_4 - \frac{1}{2}f_3 = \frac{1}{2}(f_7 - 2f_4 - f_3)$$

故连接 O_3, O_7 的直线的斜率为

$$\frac{y_7 - y_3}{x_7 - x_3} = \frac{f_7 - 2f_4 - f_3}{f_7 + f_3}$$

但由递归关系可得

$$f_7 = 3f_4 + 2f_3$$

代入可得

$$\frac{y_7 - y_3}{x_7 - x_3} = \frac{f_4 + f_3}{3(f_4 + f_3)} = \frac{1}{3}$$

一般地，对于点 O_{4n+3}, O_{4n+7} 有

$$x_{4n+7} - x_{4n+3} = \frac{1}{2}(f_{4n+7} + f_{4n+3})$$

$$y_{4n+7} - y_{4n+3} = \frac{1}{2}(f_{4n+7} - 2f_{4n+4} - f_{4n+3})$$

由同样的计算可知，对于所有的 n，连接 O_{4n+3}, O_{4n+7} 的直线的斜率均为 $1/3$. 既然第一象限中的点 $O_3, O_7, \cdots, O_{4n+3}, O_{4n+7}, \cdots$ 中每相邻两点的斜率均为 $1/3$，故这些点在同一直线 $l_1: y = x/3$ 上.

用同样的方法可证明第三象限中的点 $O_5, O_9, O_{13}, \cdots$ 也都在 l_1 上，而第二、四象限中的点 $O_2, O_4, O_6, O_8, \cdots$ 都在同一直线 $l_2: y = -3x$ 上.

由 l_1, l_2 的斜率可知它们是互相垂直的直线.

3.3.3 Fibonacci 正方形序列的一个性质

前面提到的直线 l_1, l_2 还有一个有趣的性质:它们把正方形序列中的每个正方形的边都分成 $1:2$ 的两部分.

为了证明上述结论,先叙述下面的简单事实(图 3.6).

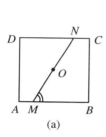 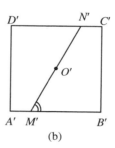

        (a)   (b)

图 3.6

（1）如果过正方形 $ABCD$ 的中心 O 的直线交对边 AB, CD 于 M, N（图 3.6(a)）,那么

$$AM : MB = CN : ND$$

反之,如果 M, N 在正方形的边 AB, CD 上,并且

$$AM : MB = CN : ND$$

那么 MN 过正方形的中心 O.

（2）过正方形 $ABCD$ 的中心 O 的直线交对边 AB, CD 于 M, N, 而 M' 是正方形 $A'B'C'D'$ 的边 $A'B'$ 上的一点,过 M' 的直线交对边 $C'D'$ 于 N'（图 3.6(b)）.如果

$$A'M' : M'B' = AM : MB$$

$$\angle N'M'B' = \angle NMB$$

那么 $M'N'$ 过正方形 $A'B'C'D'$ 的中心 O',且

$$C'N' : N'D' = CN : ND$$

现在我们更深入地考察 Fibonacci 正方形序列,如图 3.7 所示,依次记这些正方形为 $ABCD$,$BSFC$,$DFGH$,$JAHI$,$KLSJ$,$LYPG$,…….

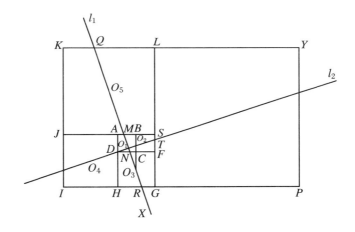

图 3.7

设直线 l_1 过 O_1,O_3 交 AB 于 M,交 CD 于 N,则易知

$$AM : MB = CN : ND = 1 : 2$$

$$SM = SB + BM = 1 + \frac{2}{3} = \frac{5}{3}$$

这时

$$JM = JA + AM = 3 + \frac{1}{3} = \frac{10}{3}$$

故

$$SM : JM = 1 : 2 = CN : ND$$

$$\angle QMJ = \angle QND$$

由前面所述的(2),可知 MQ 过正方形 $KLSJ$ 的中心 O_5,且

$$KQ : QL = 1 : 2$$

又

$$AM : MB = 1 : 2$$

而

$$DN : NC = BM : MA = 2 : 1$$

故

$$DN = \frac{2}{3}, \quad NF = NC + CF = \frac{1}{3} + 1 = \frac{4}{3}$$

因而

$$DN : NF = 1 : 2$$

$$GR : RH = 1 : 2$$

这时

$$GR = \frac{2}{3}, \quad RH = \frac{4}{3}$$

$$IR = IH + HR = 3 + \frac{4}{3} = \frac{13}{3}$$

$$RP = RG + GP = \frac{2}{3} + 8 = \frac{26}{3}$$

故 $IR : RP = 1 : 2$,又$\angle FNR = \angle PRX$,故由前面所述的(2)可知,NR 过下面一个正方形的中心 O_7.

于是我们证明了 O_1, O_3, O_5, O_7 在同一直线 O_1O_3(记为 l_1)上.连接 DO_2,同理可证 D, O_2, O_4, O_6 在同一直线 DO_2(记为 l_2)上.

一般地,容易知道,从第五个正方形开始,每个正方形的边长为

$$f_{k+4} = f_{k+3} + f_{k+2} = f_{k+3} + f_{k+1} + f_k$$

而由递归关系式,应有

$$3f_{k+3} = 6f_{k+1} + 3f_k$$

即

$$3f_{k+3} + f_k = 6f_{k+1} + 4f_k$$

以 3 除之,得

$$f_{k+3} + \frac{1}{3}f_k = 2\left(f_{k+1} + \frac{2}{3}f_k\right)$$

但在此式中

$$\left(f_{k+3} + \frac{1}{3}f_k\right) + \left(f_{k+1} + \frac{2}{3}f_k\right) = f_{k+3} + f_{k+1} + f_k = f_{k+4}$$

这说明 $f_{k+3} + \frac{1}{3}f_k$ 恰是 f_{k+4} 的 $\frac{2}{3}$,因而第 k 个正方形的边的一个三等分点恰是第 $k+4$ 个正方形的边的一个三等分点,两者相互重合.反复地应用前面所述的(2),可以递归地(或用数学归纳法)证明 $O_1, O_3, O_5, O_7, \cdots, O_{2n+1}, \cdots$ 都在同一直线 l_1 上,而 $O_2, O_4, O_6, O_8, \cdots, O_{2n}, \cdots$ 都在直线 l_2 上.最后,由 $\triangle O_3 MB \cong \triangle DTF$,可证明 $l_1 \perp l_2$.

可以看出,实际上我们不仅重新证明了原有的结论,并且将结论加强为:这两条互相垂直的直线 l_1, l_2 把所有正方形的边都分成 $1:2$ 的两段.

3.4 黄金分割与黄金数

本节讨论著名的黄金分割与黄金数,它们与 Fibonacci 数有非常密切的联系.

3.4.1　黄金分割

1. 中外比与黄金分割

黄金分割产生于中外比. 问题是这样的：将已知线段分成两段，使其中较短的一段与较长的一段的比，恰等于较长的一段与整个线段的比.

设已知线段为 AB，我们要找的是分点 P，使

$$PB : AP = AP : AB \tag{1}$$

不妨设 $AB = 1$，则比值为 $AP = x$，而 $PB = 1 - AP = 1 - x$（图 3.8），于是得到关于 x 的方程

$$(1 - x) : x = x : 1$$

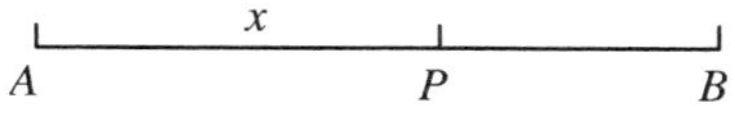

图 3.8

即

$$x^2 + x - 1 = 0$$

解出

$$x = \frac{1}{2}(-1 \pm \sqrt{5})$$

舍去负值，得

$$x = \frac{1}{2}(\sqrt{5} - 1) = 0.618\cdots \tag{2}$$

称 P 为线段 AB 的黄金分割点，x 为黄金数. 所以，黄金数就是分线段为中外比时的比值，常用 g 表示黄金数.

如果一个矩形的宽与长之比恰为 g，则称为"黄金矩形"，它被

认为是"最美的图形",而黄金数也就作为美的象征而为历代所推崇.人们发现,自然界中的事物(包括人体)各部分之间的比就有许多为黄金数,所以它被广泛应用于建筑、艺术和设计之中.

黄金数与 Fibonacci 数存在深刻的联系.首先我们注意到,g 是组成 F-数列的两个等比数列中的一个公比,而另一个公比为 $1/g$.

2. 黄金分割点

由上面所述可知,如果线段 AB 上的一点 P,使

$$AP : AB = g \quad 或 \quad PB : AP = g$$

那么 P 就是线段 AB 的黄金分割点.

如何作出线段 AB 的黄金分割点 P 以实现线段的黄金分割,这是讨论黄金分割的一个首要问题.这个问题有许多的解法,我们介绍代数作图法,这是最容易想到的一种解法.

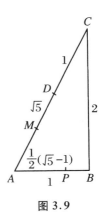

图 3.9

若令 $AB = 1$,则 $AP = g = \dfrac{1}{2}(\sqrt{5} - 1)$.问题归结为求作长度为 g 的线段.注意到两直角边分别为 $1, 2$ 的直角三角形的斜边之长等于 $\sqrt{5}$,就可以得到下面的做法.

已知线段 $AB = 1$(图 3.9):

(1) 以 AB 为一条直角边作直角三角形 ABC,使另一条直角边 $BC = 2$,则斜边 $CA = \sqrt{5}$;

(2) 在斜边 CA 上截取 $CD = 1$,则 $AD = \sqrt{5} - 1$;

(3) 作 AD 的中点 M,$AM = \dfrac{1}{2}(\sqrt{5} - 1)$;

（4）在 AB 上截取 $AP = AM = \dfrac{1}{2}(\sqrt{5}-1)$，则 P 为线段 AB 的黄金分割点．

现作 P 关于 AB 的中点的对称点 P_1（图3.10），则

$$AP_1 = BP, \quad AP = BP_1$$

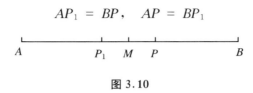

图 3.10

可以证明：

（1）P_1 是线段 BA 的黄金分割点；

（2）P 是线段 BP_1 的黄金分割点；

（3）P_1 是线段 AP 的黄金分割点．

事实上，由

$$AP_1 : P_1B = BP : AP = g$$

得（1）；由

$$AP_1 : AP = BP : AP = g$$

得（2）．同理可得（3）．

这说明，作线段 AB 的黄金分割点 P 关于中点的对称点 P_1，则 P 在线段 AB 中的地位，与 P_1 在去掉 BP 后剩下的线段 AP 中的地位，或 P 在去掉 AP_1 后剩下的线段 BP_1 中的地位相当（都是黄金分割点）．如果再作 P_1 关于 AP 中点的对称点（或 P 关于 BP_1 中点的对称点），则有类似的结论．这个过程可以一直进行下去．黄金分割点的这个性质将应用于搜索理论（优选法）．

3. 正方形的一种分割

我们曾经利用 Cassini 恒等式构造了一个悖论，"证明"64 =

65. 其方法是将边长为 f_n 的正方形的边分成长度为 f_{n-1}, f_{n-2} 的两段, 然后将正方形分为四块且用它们拼成长与宽分别为 f_{n+1}, f_{n-1} 的矩形, 利用人们视觉上的偏差, 忽视面积为 1 的缝隙或重叠, 而误认为正方形面积与矩形面积相等. 这说明, 如果按相邻 Fibonacci 数的比分割正方形的边, 那么, 用这个方法是不能拼成矩形的.

　　自然要问: 如果要拼成矩形, 应该以怎样的比分割正方形的边?

　　如图 3.11 所示, 设正方形的边分割成长度为 x, y 的两段, 将正方形分为四块然后拼为一个矩形, 则由两个图形面积相等可得方程

$$y(x + 2y) = (x + y)^2$$

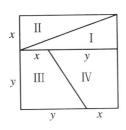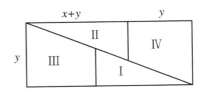

图 3.11

此方程可化为

$$\left(\frac{x}{y}\right)^2 + \left(\frac{x}{y}\right) - 1 = 0$$

取正根得

$$\frac{x}{y} = \frac{1}{2}(\sqrt{5} - 1) = g$$

所以, 要拼成矩形, 应该按黄金比划分正方形的边.

3.4.2　黄金数的代数性质

1. 黄金数的幂

黄金数 g 是方程 $x^2 + x - 1 = 0$ 的根,由 Vieta 定理,另一个根是 $-1 - g = -1/g$.由方程容易求得 g 的各次幂为

$$g^2 = 1 - g$$
$$g^3 = g - g^2 = g + (g - 1) = 2g - 1$$
$$g^4 = 2g^2 - g = 2(1 - g) - g = -(3g - 2)$$
$$g^5 = -(3g^2 - 2g) = -(3(1 - g) - 2g) = 5g - 3$$
$$\cdots\cdots$$

一般地,用数学归纳法可以证明

$$g^n = (-1)^{n-1}(f_n g - f_{n-1})$$

2. 黄金数的连分数展开

由 $g^2 + g - 1 = 0$,可得 $g(1 + g) = 1$.于是

$$g = \frac{1}{1 + g}$$

反复迭代,依次可得

$$g = \frac{1}{1 + g} = \frac{1}{1 + \dfrac{1}{1 + g}} = \frac{1}{1 + \dfrac{1}{1 + \dfrac{1}{1 + g}}}$$

继续这个迭代过程直至无穷,即得黄金数的连分数展开

$$g = \frac{1}{1 + \dfrac{1}{1 + \dfrac{1}{1 + \dfrac{1}{1 + \cdots}}}}$$

这个展开式的分母恰是所有不完全商均为 1 的连分数,由 F-数列

的连分数表示,可知这个分母为

$$\lim_{n \to \infty} \frac{f_{n+1}}{f_n} = \alpha$$

因而有

$$g = \lim_{n \to \infty} \frac{f_n}{f_{n+1}} = \frac{1}{\alpha}$$

所以 g 是相邻的两个 Fibonacci 数之比的极限.

3. 根式展开

由 $g^2 + g - 1 = 0$,可得

$$g = \sqrt{1-g}$$

反复迭代,依次可得

$$g = \sqrt{1-g} = \sqrt{1-\sqrt{1-g}} = \sqrt{1-\sqrt{1-\sqrt{1-g}}}$$

继续这个迭代过程直至无穷,即得黄金数的根式展开

$$g = \sqrt{1-\sqrt{1-\sqrt{1-\sqrt{1-\sqrt{\cdots}}}}}$$

3.5　黄金三角形

底与腰之比为黄金数的等腰三角形称为黄金三角形,易知所有的黄金三角形都是相似的.本节讨论黄金三角形的性质.

3.5.1　黄金三角形

命题　下述各项相互等价:

(1) 等腰三角形是黄金三角形(即底与腰之比为黄金数);

(2) 等腰三角形底角的平分线与一腰的交点是腰的黄金分割点;

（3）等腰三角形底角的平分线分三角形为两个等腰三角形，其中以原三角形的底为一腰的三角形是黄金三角形；

（4）等腰三角形的顶角为 $36°$.

证明　设 $\triangle ABC$ 是黄金三角形：$AB = AC$，$BC : AC = g$.

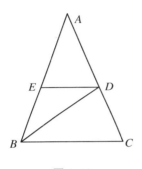

图 3.12

设 $\angle B$ 的平分线 BD 交 AC 于 D（图 3.12），由角平分线的性质，得

$$DC : AD = BC : AB = g$$

故 D 是 AC 的黄金分割点. 因而

$$AD : AC = g = BC : AC$$

所以

$$AD = BC$$

在 $\triangle BCD$ 与 $\triangle ABC$ 中，$\angle C$ 是公共角，且

$$CD : BC = CD : AD = BC : AC = g$$

故 $\triangle BCD \sim \triangle ABC$，且 $\triangle BCD$ 也是黄金三角形. 因而

$$AD = BC = BD$$

故 $\triangle DAB$ 为等腰三角形，且

$$\angle A = \angle CBD = \frac{1}{2}\angle ABC$$

由此可知

$$\angle A = 180° \div 5 = 36°$$

最后，若一个等腰三角形的顶角为 $36°$，则它与黄金三角形相似，因而是黄金三角形.

从上面的证明可以看到 $\triangle BCD \sim \triangle ABC$，其相似比恰等于黄金数：$BC : AC = g$. 如果过 D 作 $DE /\!/ BC$，那么 $\triangle AED$ 为黄金三角形，且 $\triangle AED$ 与 $\triangle ABC$ 的相似比 $AD : AC$ 亦为黄金数 g.

现考察五角星中的黄金三角形.

设 $ABCDE$ 为五角星(图 3.13),则其五个顶角均为 $36°$,而 $\triangle AE'B'$,$\triangle AC'D'$,$\triangle ABE$ 都是等腰三角形,故都是黄金三角形. 由上面所述,其相似比依次均为 g. 因而

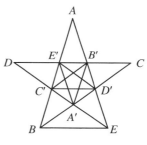

$$E'D' : BC = g^2$$

这时,五角星 $A'B'C'D'E'$ 与五角星 $ABCDE$ 相似,且相似比为 g^2. $A'B'C'D'E'$ 套在 $ABCDE$ 中,同样地,在 $A'B'C'D'E'$ 中又可以套入一个五角星. 这样,我们得到一个五角星套,其中任意相邻的两个五角星的相似比均为 g^2.

图 3.13

值得指出的是,在这个五角星中可以看到许多线段和它们的黄金分割点:A',B',C',D',E' 都是它们所在线段的黄金分割点,例如,A' 是线段 DE,EC' 和 CB,BD' 的黄金分割点,等等.

3.5.2　黄金三角形套

给定黄金三角形 $\triangle ABC$,作 $\angle B$ 的平分线在 $\triangle ABC$ 中截得黄金三角形 $\triangle BCD$;又作 $\angle C$ 的平分线,在 $\triangle BCD$ 中截得黄金三角形 $\triangle CDE$;又作 $\angle CDB$ 的平分线,在 $\triangle CDE$ 中截得黄金三角形 $\triangle DEF$(图 3.14)……继续这一过程,可得一个黄金三角形套,其中的三角形依次记为 $\triangle_1$,$\triangle_2$,$\triangle_3$,…,$\triangle_n$,….

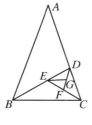

图 3.14

这个黄金三角形套具有下面的性质:

（1）相邻的两个黄金三角形的相似比为黄金数 g.

（2）相邻的三个黄金三角形的高所在的直线围成的三角形是黄金三角形.

证明　如图 3.15 所示，只需证明 $\triangle_1$，$\triangle_2$，$\triangle_3$ 的底边上的高所在的直线围成的三角形 $\triangle PQR$ 是黄金三角形. 由于等腰三角形底边上的高就是顶角的平分线，容易算出，在 $\triangle PQR$ 中

$$\angle PQR = \angle BQK = 90° - \angle QBK = 90° - 72° \div 4 = 72°$$

$$\angle PRQ = \angle CRH = 90° - \angle RCH = 90° - 72° \div 4 = 72°$$

故 $\triangle PQR$ 为黄金三角形.

（3）$\triangle_n$，$\triangle_{n+1}$，$\triangle_{n+3}$ 的底边上的高共点.

证明　只需证明 $\triangle_1$，$\triangle_2$，$\triangle_4$ 的底边上的高共点.

如图 3.16 所示，设 $\triangle ABC$，$\triangle BCD$ 的高 AK，BH 相交于 Q，连接 DQ. 在 $\triangle QEF$ 中

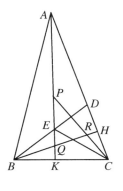

图 3.15

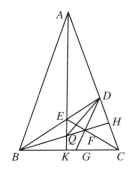

图 3.16

$$\angle QEF = \frac{1}{2}(180° - \angle DEF) = \frac{1}{2}(180° - 72°) = 54°$$

$$\angle QFE = \angle CFH = \frac{1}{2}(180° - \angle DFE) = \frac{1}{2}(180° - 72°) = 54°$$

故 $QE = QF$，又 $DE = DF$，故 DQ 垂直平分 EF，即 DQ 是△DEF
的高所在的直线，因而结论成立.

3.6　黄金矩形与黄金椭圆

长与宽之比为黄金数的矩形称为黄金矩形，易知所有的黄金
矩形都是相似的. 本节讨论黄金矩形的性质.

3.6.1　黄金矩形

设四边形 $ABCD$ 是黄金矩形：$AB : BC = g$.

在 $ABCD$ 中截去一个以 CD 为一边的正方形 $CDEF$，则易知余
下的部分 $BFEA$ 仍是黄金矩形，矩形 $ABCD$ 与 $BFEA$ 相似，其相似
比为 g；同样，在 $BFEA$ 中截去一个以 AE 为一边的正方形 $AEHG$，
余下的矩形 $GBFH$ 仍是黄金矩形. 矩形 $ABCD$ 与 $GBFH$ 相似，其
相似比为 g^2. 由 3.3.2 节中的引理，可知 $ABCD$ 与 $GBFH$ 是位似
形，因而 B, H, D 共线（图 3.17）.

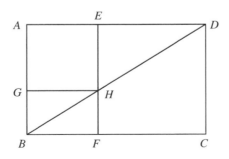

图 3.17

3.6.2 黄金矩形套

1. 黄金矩形套

如果我们将上述从黄金矩形中截去正方形而留下一个较小的黄金矩形的过程一直进行下去,则得到一个黄金矩形套 $ABCD$,$BFEA$,$GBFH$,$\cdots$,这些矩形依次记为 $J_1,J_2,J_3,\cdots J_n,\cdots$,其中任意两个相邻矩形的相似比都等于 g.

考察矩形 $J_1,J_3,J_5,\cdots$ 中每个矩形的左下和右上的顶点.我们已经知道,J_1(即 $ABCD$)和 J_3(即 $GBFH$)的顶点 B,H,D 共线(图 3.18);同样,J_3 和 J_5,J_5 和 J_7 的左下和右上的顶点也分别共线,因而所有矩形 $J_1,J_3,J_5,\cdots$ 的左下和右上的顶点都在同一直线 l_1 上.同样,所有矩形 $J_2,J_4,J_6,\cdots$ 的左上和右下的顶点也都在同一直线 l_2 上.

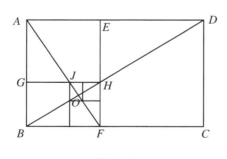

图 3.18

由于矩形 $ABCD \backsim BFEA$,所以 $\triangle BCD \backsim \triangle ABF$,故 $\angle DBC = \angle FAB$.又 $\angle AFB = \angle DAF$,故

$$\angle DBC + \angle AFB = \angle FAB + \angle FAD = 90°$$

因而 $\angle FOB = 90°$,即 $l_1 \perp l_2$.这说明在黄金矩形套中以上所述的顶

点恰好落在两条互相垂直的直线上.

进而,我们将考察落在 l_1,l_2 上的各顶点 D,A,B,F,H,J,$\cdots$,我们证明这些顶点都落在一条有趣的曲线——对数螺线上.

2. 对数螺线

圆是我们熟悉的曲线.如果以圆心为极点建立极坐标系,则圆上一点的向径就是过这点的半径,而过这点的切线与半径垂直.故圆上每一点的切线都与向径成定角(直角),这是圆的特征性质.一般地,如果曲线上每一点的切线与向径的夹角恒为定角(但不为直角),则称这样的曲线为等角螺线或对数螺线.

为了得到对数螺线的方程,我们先讨论曲线上一点的切线与向径所夹的角.

设在极坐标系中给出曲线的方程为

$$\rho = f(\theta)$$

如图 3.19 所示,$M(\rho,\theta)$ 是曲线上的一点,$M'(\rho + \Delta\rho, \theta + \Delta\theta)$ 是曲线上的另一点,$M'O$ 与 $M'M$ 的夹角记为 φ.作 $MH \perp OM'$ 于 H,则

$$\tan\varphi = \frac{\rho\sin\Delta\theta}{\rho + \Delta\rho - \rho\cos\Delta\theta} = \frac{\rho\sin\Delta\theta}{\Delta\rho + \rho(1 - \cos\Delta\theta)}$$

$$= \frac{\rho\sin\Delta\theta}{\Delta\rho - 2\rho \cdot \sin^2\left(\frac{\Delta\theta}{2}\right)} = \frac{\rho(\sin\Delta\theta/\Delta\theta)}{(\Delta\rho/\Delta\theta) + \rho\left(\sin\frac{\Delta\theta}{2} \Big/ \frac{\Delta\theta}{2}\right)\sin\frac{\Delta\theta}{2}}$$

$$\to \frac{\rho}{\rho'} \quad (\Delta\theta \to 0)$$

而当 $\Delta\theta \to 0$ 时,$M' \to M$,MM' 成为曲线在 M 点处的切线,而 φ 成为向径与切线的夹角,故在曲线上 M 点的向径与该点处的切线的夹角的正切是

$$\tan \varphi = \frac{\rho}{\rho'} = \frac{f(\theta)}{f'(\theta)}$$

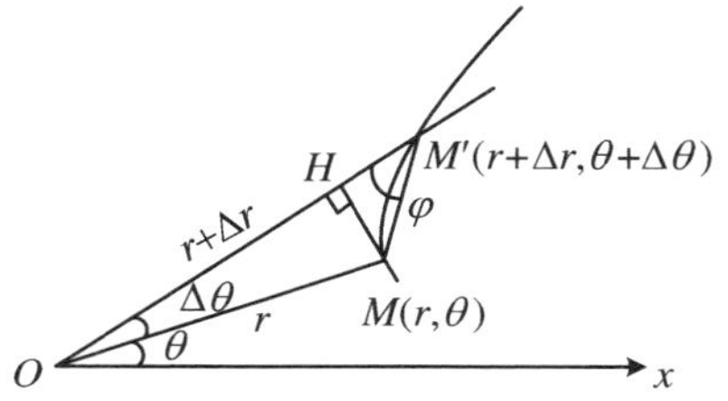

图 3.19

对于对数螺线,曲线上每点的向径与该点处的切线的夹角为定角(不为直角),则角的正切是常数,设为 a,则由上式可得

$$\frac{\rho}{\rho'} = a$$

故

$$\rho' = \frac{\mathrm{d}\rho}{\mathrm{d}\theta} = \frac{\rho}{a}, \quad \frac{\mathrm{d}\rho}{\rho} = \frac{\mathrm{d}\theta}{a}, \quad \ln \rho = \frac{\theta}{a}$$

由此得对数螺线的极坐标方程

$$\rho = \mathrm{e}^{\theta/a}$$

3. 关于对数螺线的一个数学趣题

有这样的一道数学趣题:

"在正方形的四个顶点处各有一只狗,它们的速度大小相同.现在它们同时出发,依逆时针方向沿正方形的边起跑,起跑后每只狗直追它前面的一只狗,求每只狗跑出的路线的轨迹."

取正方形的中心 O 为极点,OA 为极轴,建立极坐标系,则 $\angle AOB = 90°$.

设 M_1 是顶点 A 处的狗跑出的轨迹上的一点,M_2 是在顶点 B

处的狗跑出的轨迹上与 M_1 对应的点(图 3.20),即当 A 处的狗到达 M_1 时,B 处的狗到达 M_2.由于四只狗速度的大小都相同,所以曲线 AM_1 与 BM_2 成旋转对称,旋转角为 $\angle AOB = 90°$,M_1,M_2 为对称点.由此可知:

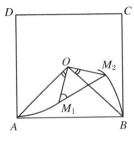

图 3.20

(1) $OM_1 = OM_2$;

(2) M_1M_2 是 A 处狗的速度的方向,也是其轨迹曲线在 M_1 处的切线方向;

(3) $\angle AOM_1 = \angle BOM_2$.

由于

$$\angle M_1OM_2 = \angle M_1OB + \angle BOM_2 = \angle M_1OB + \angle AOM_1 = 90°$$

故△M_1OM_2 是等腰直角三角形,$\angle OM_1M_2 = 45°$,即 M_1 处的向径 OM_1 与切线 M_1M_2 成定角 $45°$.这说明 A 处的狗跑过的轨迹是对数螺线,其中

$$a = \tan 45° = 1$$

而轨迹的方程为 $\rho = \mathrm{e}^\theta$.由对称性,每只狗跑出的轨迹都是对数螺线.

4. 黄金矩形套中矩形顶点的性质

回到 1 中关于黄金矩形套的讨论.如图 3.21 所示,设直线 l_1,l_2 的交点为 O,$OD = 1$.我们计算 O 到各矩形落在直线 l_1,l_2 上的顶点 D,A,B,F,H,J 的距离.记 $\angle ODA = \alpha$,则

$$\angle ODA = \angle OAB = \angle OBF = \angle OFH = \angle OHJ = \cdots = \alpha$$

且

$$\tan \alpha = g$$

故

$$OD = 1, \quad OA = g, \quad OB = g^2$$
$$OF = g^3, \quad OH = g^4, \quad OJ = g^5, \quad \cdots$$

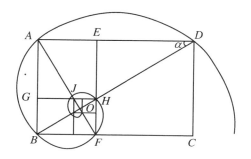

图 3.21

若以 O 为极点,OD 为极轴建立极坐标系(图 3.21),则 D,A,B,F,H,J,$\cdots$ 的极角依次为 0,$\pi/2$,π,$3\pi/2$,2π,$5\pi/2$,$\cdots$,故它们的极坐标 (ρ,θ) 依次为

$$D(1,0), \quad A(g,\pi/2), \quad B(g^2,\pi)$$
$$F(g^3,3\pi/2), \quad H(g^4,2\pi), \quad J(g^5,5\pi/2), \quad \cdots$$

故极坐标满足方程

$$\begin{cases} \rho = g^k \\ \theta = k\pi/2 \end{cases}, \quad k = 0,1,2,\cdots$$

消去 k,得

$$\rho = g^{2\theta/\pi}$$

将 g 写成 $g = e^{\ln g}$,则上式成为

$$\rho = e^{\left(\frac{2}{\pi}\ln g\right)\theta}$$

这是对数螺线,故我们证得矩形的顶点 D,A,B,F,H,J,$\cdots$ 都在一条对数螺线上.

3.6.3　黄金椭圆

短轴与长轴之比等于黄金数的椭圆称为黄金椭圆,显然,黄金椭圆可以内切于黄金矩形.

对任意椭圆,称以椭圆的两焦点之间的线段为直径的圆为椭圆的焦点圆,此圆的半径为(a,b 分别为椭圆的长、短轴)

$$c = \sqrt{a^2 - b^2}$$

设椭圆的方程为

$$\frac{x^2}{a^2} + \frac{y^2}{b^2} = 1, \quad a > b$$

则其焦点圆的方程为

$$x^2 + y^2 = a^2 - b^2$$

当 $b < c$ 时,椭圆与其焦点圆在第一象限的交点为 $G\left(\dfrac{a}{c}\sqrt{c^2 - b^2}, \dfrac{b^2}{c}\right)$.直线 OG(O 为坐标原点)的倾斜角记为 θ(图 3.22).

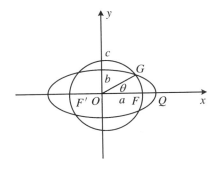

图 3.22

定理　以下各条等价：

（1）椭圆为黄金椭圆；

（2）椭圆面积与其焦点圆面积相等；

（3）$b<c$，$\sin\theta=g$.

证明　首先，椭圆的面积为 πab，其焦点圆的面积为 $\pi c^2=\pi(a^2-b^2)$. 两者相等，即

$$\pi ab=\pi(a^2-b^2)$$

当且仅当

$$\left(\frac{b}{a}\right)^2+\frac{b}{a}-1=0$$

即

$$\frac{b}{a}=\frac{\sqrt{5}-1}{2}=g$$

亦即此椭圆为黄金椭圆.

其次，对于黄金椭圆，$b=ga$，因而

$$c^2=a^2-b^2=\left(\frac{b}{g}\right)^2-b^2=b^2\left(\frac{1-g^2}{g^2}\right)>b^2\left(\frac{1-g}{g^2}\right)=b^2$$

即 $b<c$，这时，$\sin\theta=g$ 等价于

$$\frac{b^2}{c}:c=\frac{b^2}{c^2}=g$$

即

$$b^2=(a^2-b^2)g$$

亦即

$$\frac{b}{a}=\frac{1}{1+g}=g$$

此时，椭圆为黄金椭圆.

3.7　F-数列与搜索问题

最优化的许多问题归结为求函数的极值,由于这类问题有很强的实际背景,故在实践中有广泛的应用.在中学数学中已经熟悉二次函数的极值和利用不等式求极值;在微积分中发展了利用导数求极值的系统的方法和完美的理论,但这种方法的应用对于函数的性质要求颇高,函数必须在区间上可导(即导数存在).而用搜索方法求极值则是一种普遍适用的方法,本节讨论黄金分割及 F-数列在搜索方法中的应用.

3.7.1　单峰函数与搜索方法

如果在区间$[a,b]$上函数 $f(x)$ 仅有一个极值点(不妨设为极大值,这时,在极值点左边,函数单调增加;在极值点右边,函数单调减少),则称 $f(x)$ 是$[a,b]$上的单峰函数,我们要通过搜索找出这个极值点.

最简单的搜索方法是"三分法":将$[a,b]$三等分,分点为

$$x_1 = a + \frac{1}{3}(b-a), \quad x_2 = b - \frac{1}{3}(b-a)$$

在这两点做试验并比较 x_1, x_2 处的函数值 $f(x_1), f(x_2)$,有以下三种情况(图 3.23):

(1) $f(x_1) > f(x_2)$.

这时,极大值点在区间$[a, x_2)$上,去掉区间$(x_2, b]$.

(2) $f(x_1) < f(x_2)$.

这时,极大值点在区间$(x_1, b]$上,去掉区间$[a, x_1)$.

（3）$f(x_1) = f(x_2)$.

这时,极大值点在区间(x_1, x_2)上,去掉区间$[a, x_1)$和$(x_2, b]$.

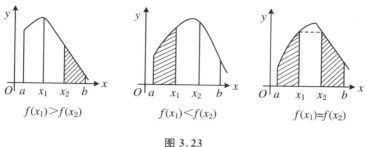

$f(x_1) > f(x_2)$　　　　$f(x_1) < f(x_2)$　　　　$f(x_1) = f(x_2)$

图 3.23

这样,至少把区间长度缩小到原来的 2/3. 在保留的区间上继续施行三分法,直到保留下来的区间的长度充分小,达到预定的精确度的要求.

3.7.2　黄金分割法

用三分法进行搜索时,每次做两个试验,试验后将得到的两个函数值全部废弃而重新安排两次新的试验. 不难发现,其实原来的两次试验中有一次的试验点仍留在保留区间中,应该还有利用价值,如果能够用上它则我们只需安排一次新的试验,使得后续试验有"继承性". 为此,我们应使留在保留区间的试验点在保留区间的位置与去掉的试验点在原区间的位置相当. 从本质上说,这是一种"相似"的思想.

如何保证这种"继承性"呢? 自然会想到黄金分割. 前面说过,如果作线段 AB 的黄金分割点 P 关于中点的对称点 P_1,则 P 在线段 AB 中的地位,与 P_1 在去掉 BP 后剩下的线段 AP 中的地位,或 P 在去掉 AP_1 后剩下的线段 BP_1 中的地位相当(都是黄金分割点).如果再作 P_1 关于 AP 中点的对称点(或 P 关于 BP_1 中点的对称点),则有类似的结论.据此,我们可取

$$x_1 = a + (1 - g)(b - a) \approx a + (1 - 0.618)(b - a)$$
$$x_2 = a + g(b - a) \approx a + 0.618(b - a)$$

然后按与三分法一样的方式进行搜索,只是每次都将落在保留区间的试验点及相应的函数值保留,并在这个试验点关于保留区间的中点的对称点处安排一次新的试验.如此继续,直到保留区间的长度充分小时,我们取保留区间的中点 $\bar{x}$ 作为极值点的近似值.

所述的这种搜索方法称为黄金分割法(或 0.618 法),其算法可用框图 3.24 表示如下.

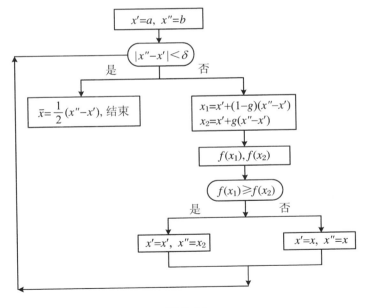

图 3.24

3.7.3　Fibonacci 法

黄金分割法没有限定试验的次数,我们可以一直做下去,直到剩下的区间的长度不大于预先指定的精确度.这时,若取这个区间的任意一点(例如,取区间的对应的函数值较小的一个端点)作为最小值点的近似值,都能保证它与最小值点的真值的绝对误差不超过指定的精确度.当然,我们可能要做很多次试验.如果限定了试验次数,那么,用 Fibonacci 法可以保证搜索出的最小值点的精确度达到最大.

1. 问题的提法

设单峰函数 $f(x)$ 在区间 $[0,L]$ 上有唯一的最小值点.现要进行 n 次试验,每次试验后将试验结果与前面的试验结果比较,舍去区间的一部分,而使最小值点留在保留的部分之中. n 次试验后留下的区间的长度记为 δ,最小值点仍留在这个区间之中.这时,若以区间中的任一点(例如,区间的对应的函数值较小的一个端点)作为最小值点的近似值,误差必不超过 δ.

显然, δ 的大小决定于三个因素:原始区间 $[0,L]$ 的长度 L;试验次数 n;安排 n 次试验的方案 P,故可记为 $\delta = \delta(L,n,P)$.当 n,L 均已确定时,我们希望找出安排试验的方案 P_0,使其他任何方案都可能存在不利的情况:搜索所得的最小值点的误差不小于 $\delta(n,L) = \delta(L,n,P_0)$.当 n,L 确定时,在这样的意义下,方案 P_0 是最优的.

我们的问题是:如何确定最优方案 P_0? 我们将看到:所求的这个方案就是我们将要给出的 Fibonacci 法,我们将讨论 Fibonacci 法并证明其最优性.

应该指出,当 n 确定且安排 n 次试验的方案确定时,长度 $\delta(n,L)$ 与原始区间的长度 L 成正比,即有

$$\delta(n,\lambda L) = \lambda\delta(n,L) \tag{1}$$

2. Fibonacci 法

我们的目标是通过 n 次试验,搜索定义在区间 $[0,L]$ 上且有唯一的最小值点的单峰函数 $f(x)$ 的最小值点,使可能出现的误差达到最小.

当 $n=1$ 时,取区间中点 $\bar{x}=L/2$ 作为最小值点并计算在这点的函数值 $f(L/2)$,这时,最小值点的误差不超过 $L/2 = L/f_3$.若取任一点 $\tilde{x}$ 为最小值点,都有可能出现误差不小于 $L/2$ 的情形.

当 $n=2$ 时,取区间的三等分点 $x_1 = L/3$,$x_2 = 2L/3$,计算在这两点的函数值.若 $f(x_1) \leqslant f(x_2)$,则取 $\bar{x} = x_1$,舍去区间 $(x_2,L]$;否则取 $\bar{x} = x_2$,舍去区间 $[0,x_1)$.这时,留下的区间之长恒为 $2L/3$,而 $\bar{x}$ 恰为留下的区间的中点,故误差不超过 $L/3 = L/f_4$.若取任一点 $\tilde{x}$ 为最小值点,都有可能出现误差不小于 $L/3$ 的情形.

一般地,对于 n 次试验,我们将区间 $[0,L]$ 划分为 f_{n+2} 个长度相等的小区间,并将前两次试验安排在点

$$x_1 = \frac{f_n}{f_{n+2}}L, \quad x_2 = \frac{f_{n+1}}{f_{n+2}}L$$

易知 x_1,x_2 关于区间 $[0,L]$ 的中点 $L/2$ 对称,如图 3.25 所示.计算函数值 $f(x_1),f(x_2)$ 并进行比较:

若 $f(x_1) \leqslant f(x_2)$,则舍去区间 $(x_2,L]$,并取 $x'=0$,$x''=x_2$;

若 $f(x_1) > f(x_2)$,则舍去区间 $[0,x_1)$,并取 $x'=x_1$,$x''=L$.

这时留下区间的长度恒为

$$L - \frac{f_n}{f_{n+2}}L = \frac{f_{n+1}}{f_{n+2}}L$$

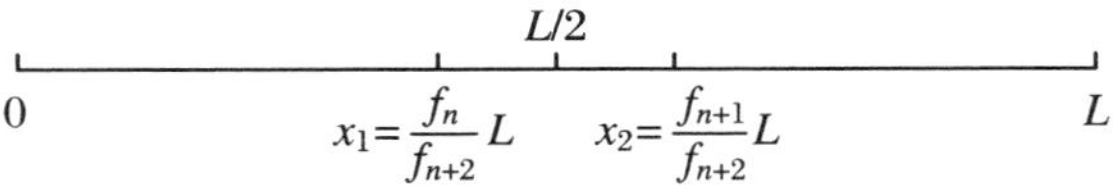

图 3.25

现在我们面对的是一个长度为 $\dfrac{f_{n+1}}{f_{n+2}}L$ 的区间 $[x', x'']$，它包含 f_{n+1} 个长度为 $\dfrac{L}{f_{n+2}}$ 的小区间，并且在

$$x_1 = x' + \frac{f_{n-1}}{f_{n+1}}(x'' - x'), \quad x_2 = x' + \frac{f_n}{f_{n+1}}(x'' - x')$$

两点中已有一点做过试验. 我们在另一点安排一次试验, 然后比较两次的试验结果:

若 $f(x_1) \leqslant f(x_2)$, 则舍去区间 $(x_2, x'']$, 并另取 $x'' = x_2$;

若 $f(x_1) > f(x_2)$, 则舍去区间 $[x', x_1)$, 并另取 $x' = x_1$.

这时留下区间的长度为 $\dfrac{f_n}{f_{n+2}}L$.

在已经做过 $k (1 < k \leqslant n)$ 次试验之后, 我们面对的是一个长度为 $\dfrac{f_{n-k+3}}{f_{n+2}}L$ 的区间 $[x', x'']$, 它包含 f_{n-k+3} 个长度为 $\dfrac{L}{f_{n+2}}$ 的小区间, 并且在

$$x_1 = x' + \frac{f_{n-k+1}}{f_{n-k+3}}(x'' - x'), \quad x_2 = x' + \frac{f_{n-k+2}}{f_{n-k+3}}(x'' - x')$$

两点中已有一点做过试验. 我们在另一点安排一次试验, 然后比较两次的试验结果:

若 $f(x_1) \leqslant f(x_2)$,则舍去区间 $(x_2, x'']$,并另取 $x'' = x_2$;

若 $f(x_1) > f(x_2)$,则舍去区间 $[x', x_1)$,并另取 $x' = x_1$.

这时留下区间的长度为 $\dfrac{f_{n-k+2}}{f_{n+2}} L$.

一直这样做下去,直到做完 n 次试验.这时留下区间的长度恰为 L/f_{n+2},我们取对应的函数值较小的那个区间端点作为近似的极值点.

以上所述的这种搜索方法就是 Fibonacci 法.

3. Fibonacci 法的程序与框图

Fibonacci 法可用程序语言叙述如下:

(1) 比较 1 与 n:

若 $n = 1$,则转(2);

若 $n > 1$,则转(4).

(2) 计算 $\bar{x} = \dfrac{x' + x''}{2}$.

(3) 计算 $f(\bar{x})$,程序结束.

(4) 计算

$$x_1 = x' + \frac{f_n}{f_{n+2}}(x'' - x'), \quad x_2 = x' + \frac{f_{n+1}}{f_{n+2}}(x'' - x')$$

(5) 计算 $f(x_1)$ 与 $f(x_2)$.

(6) 比较 2 与 n:

若 $n = 2$,则转(7);

若 $n > 2$,则转(10).

(7) 比较 $f(x_1)$ 与 $f(x_2)$:

若 $f(x_1) \leqslant f(x_2)$,则转(8);

若 $f(x_1) > f(x_2)$,则转(9).

（8）置 $\bar{x} = x_1$,程序结束.

（9）置 $\bar{x} = x_2$,程序结束.

（10）比较 $f(x_1)$ 与 $f(x_2)$:

若 $f(x_1) \leqslant f(x_2)$,则转（11）;

若 $f(x_1) > f(x_2)$,则转（14）.

（11）将 x_2 换成 x'',x_1 换成 x_2,$n-1$ 换成 n.

（12）计算

$$x_1 = x' + \frac{f_n}{f_{n+2}}(x'' - x')$$

（13）计算 $f(x_1)$ 并转（6）.

（14）将 x_1 换成 x',x_2 换成 x_1,$n-1$ 换成 n.

（15）计算

$$x_1 = x' + \frac{f_{n+1}}{f_{n+2}}(x'' - x')$$

（16）计算 $f(x_2)$ 并转（6）.

上述程序可以用下面的框图 3.26 表示.

4. Fibonacci 法的最优性

定理　如果我们想要通过 n 次试验,搜索定义在区间 $[0, L]$ 上且有唯一的最小值点的单峰函数 $f(x)$ 的最小值点,那么用 Fibonacci 法得到的最小值点的误差必不超过 L/f_{n+2},而用任何其他方法得到的最小值点的误差均有可能不小于 L/f_{n+2}.

证明　用数学归纳法.

当 $n = 1, 2$ 时,前面已证明定理成立.

设定理对不超过 n 次试验时已经成立,考察 $n+1$ 次试验的情形.

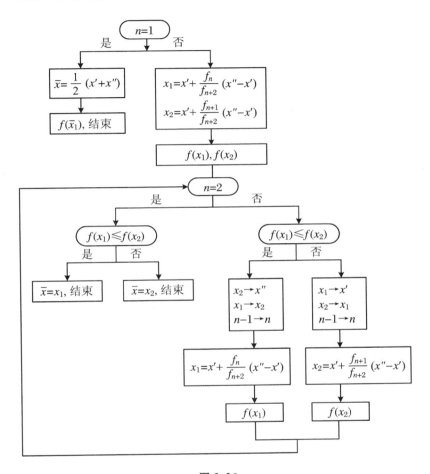

图 3.26

按照 Fibonacci 法，我们先在

$$x_1 = \frac{f_{n+1}}{f_{n+3}}L, \quad x_2 = \frac{f_{n+2}}{f_{n+3}}L$$

安排两次试验,并比较两次试验结果,根据试验结果舍去长度为 $\dfrac{f_{n+1}}{f_{n+3}}L$ 的区间,留下区间的长度为 $\dfrac{f_{n+2}}{f_{n+3}}L$,然后在留下的区间上进行 n 次试验(包括已做过的一次试验). 由归纳假设,如果用 Fibonacci 法,那么做完所有试验后得到的最小值点误差不超过

$$\frac{1}{f_{n+2}} \cdot \frac{f_{n+2}}{f_{n+3}}L = \frac{L}{f_{n+3}}$$

为完成证明,只需证明对于 $n+1$ 次试验 Fibonacci 法的最优性.

如果第 $1,2$ 次试验是在点 $\tilde{x}_1,\tilde{x}_2(\tilde{x}_1 < \tilde{x}_2)$ 处做的,则:

当 $\tilde{x}_1 < \dfrac{f_{n+1}}{f_{n+3}}L$ 而 $f(\tilde{x}_1) > f(\tilde{x}_2)$ 时,最小值点在区间 $[\tilde{x}_1, L]$ 中,舍去区间 $[0, \tilde{x}_1)$;

当 $\tilde{x}_2 > \dfrac{f_{n+2}}{f_{n+3}}L$ 而 $f(\tilde{x}_1) < f(\tilde{x}_2)$ 时,最小值点在区间 $[0, \tilde{x}_2]$ 中,舍去区间 $(\tilde{x}_2, L]$,在这两种情形下,留下区间的长度均大于 $\dfrac{f_{n+2}}{f_{n+3}}L$,由归纳假设,用任何方法在留下区间安排 n 次试验,得到的最小值点的误差均有可能不小于

$$\frac{1}{f_{n+2}} \cdot \frac{f_{n+2}}{f_{n+3}}L = \frac{L}{f_{n+3}}$$

而当 $\tilde{x}_1 > \dfrac{f_{n+1}}{f_{n+3}}L$ 时,如果通过在 $\tilde{x}_1, \tilde{x}_2$ 的两次试验已确定最小值点在 0 与 $\tilde{x}_1$ 之间,那么留下区间的长度大于 $\dfrac{f_{n+1}}{f_{n+3}}L$,这时只剩下 $n-1$ 次试验,即使用 Fibonacci 法,搜索得到的最小值点的精确度也可能大于

$$\frac{1}{f_{n+1}} \cdot \frac{f_{n+1}}{f_{n+3}} L = \frac{L}{f_{n+3}}$$

当 $\tilde{x}_2 < \dfrac{f_{n+2}}{f_{n+3}} L$ 时,情况与此类似.

于是,我们证明了 Fibonacci 法的最优性.

我们已经知道用 Fibonacci 法进行 n 次试验搜索得到的最小值点的误差不超过 L/f_{n+3};反过来,如果我们需要的精确度为 ε,那么可以根据 $L/f_{n+3} \leqslant \varepsilon$ 来确定试验的次数.

第 4 章　Fibonacci 数列的相关数列

本章讨论与 F-数列相关的数列:平方 F-数列、立方 F-数列以及一般的 k 方 F-数列、F-数列的倒数数列及 F-数列的子数列,建立这些数列的递推方程,讨论它们的性质和应用.

值得指出的是,我们利用数列的递归方程、特征根、特征方程之间的关系,给出求平方 F-数列、立方 F-数列及 F-数列的子数列的递归方程的一种统一的处理,并且用以给出 k 方 F-数列的特征方程的递归表示和 k 方 F-数列的递归方程.

4.1　平方 F-数列

在本节中,我们首先建立平方 F-数列的几种不同形式的递归方程和关于数列的一些重要的恒等式,然后讨论数列的几何性质,并且利用行列式给出数列的一些有趣的不变量.

4.1.1　平方 F-数列的递归方程

由 F-数列各项的平方组成的数列 $\{x_n = f_n^2\}$,称为平方 F-数列. 我们给出数列的四种递归表示.

1. 四阶线性齐次递归表示

$$x_{n+4} = 3(x_{n+3} - x_{n+1}) + x_n \tag{1}$$

证明　利用前面的公式

$$f_{2n} = f_{n+1}^2 - f_{n-1}^2, \quad f_{n+2} = 3f_n - f_{n-2}$$

我们有

$$f_{2(n+1)} = f_{n+2}^2 - f_n^2$$

$$f_{2n} = f_{n+1}^2 - f_{n-1}^2$$

$$f_{2(n-1)} = f_n^2 - f_{n-2}^2$$

因而可得

$$f_{n+2}^2 - f_n^2 = 3(f_{n+1}^2 - f_{n-1}^2) - (f_n^2 - f_{n-2}^2)$$

整理得

$$f_{n+2}^2 = 3(f_{n+1}^2 - f_{n-1}^2) + f_{n-2}^2$$

此即式(1).

式(1)与由相邻的两个 Fibonacci 数的积所组成的数列的另一个递推关系式亦完全相同.

2. 三阶线性齐次递归表示

$$x_{n+3} = 2(x_{n+2} + x_{n+1}) - x_n \tag{2}$$

证明　由

$$f_{n+2}^2 = (f_{n+1} + f_n)^2 = f_{n+1}^2 + f_n^2 + 2f_n f_{n+1} \tag{3}$$

$$f_{n-1}^2 = (f_{n+1} - f_n)^2 = f_{n+1}^2 + f_n^2 - 2f_n f_{n+1} \tag{4}$$

相加并移项,得

$$f_{n+2}^2 = 2(f_{n+1}^2 + f_n^2) - f_{n-1}^2$$

故式(2)成立.

有趣的是,平方 F-数列的递推式(2)与由相邻的两个 Fibonacci 数的积所组成的数列的递推关系式完全相同(当然,两个数列的始值条件不同),以后我们将知道这不是偶然的.

3. 三阶线性非齐次递归表示

$$x_{n+3} = 4(x_{n+2} - x_{n+1}) + x_n + 4(-1)^n \tag{5}$$

证明　将式(3)和式(4)相减,得

$$\begin{aligned}
f_{n+2}^2 - f_{n-1}^2 &= 4f_{n+1}f_{n+2} = 4f_{n+1}(f_{n+3} - f_{n+1}) \\
&= 4(f_{n+1}f_{n+3} - f_{n+1}^2) \\
&= 4(f_{n+2}^2 + (-1)^{n+2} - f_{n+1}^2)
\end{aligned}$$

由此得

$$f_{n+3}^2 = 4(f_{n+2}^2 - f_{n+1}^2) + f_n^2 + 4(-1)^n$$

此即式(5).

4. 二阶线性非齐次递归表示

显然式(5)较式(2)复杂得多,但由它可得数列的二阶线性非齐次递归表示:

$$x_{n+2} = 3x_{n+1} - x_n + 2(-1)^{n-1} \tag{6}$$

证明　由式(2)和式(5)消去 x_{n+3},得

$$2(x_{n+2} + x_{n+1}) - x_n = 4(x_{n+2} - x_{n+1}) + x_n + 4(-1)^n$$

解出 x_{n+2} 即得式(6).

由 F-数列的性质可知,平方 F-数列中的每一项都不是其他两项的和或另一项的两倍. 事实上,若有

$$x_l + x_m = x_n \quad 即 \quad f_l^2 + f_m^2 = f_n^2$$

则 f_l, f_m, f_n 组成直角三角形的三边,但不存在以 Fibonacci 数为边的直角三角形,得出矛盾.

4.1.2　一道全国高中数学联赛题的解

有一道全国高中数学联赛题可通过平方 F-数列求解.

"设 a_n 为下述自然数 N 的个数:N 的各位数字之和为 n,且每

位数字只能取 1,3 或 4.求证：a_{2n} 是完全平方数,这里 $n = 1$,
2,…."

　　证明　设 $N = \overline{x_1 x_2 \cdots x_k}$,其中 $x_1, x_2, \cdots, x_k \in \{1,3,4\}$ 且

$$x_1 + x_2 + \cdots + x_k = n$$

用枚举法可以知道数列 $\{a_n\}$ 的前 5 项为 1,1,2,4,6.

　　假定 $n > 4$.删去 x_1,则当 x_1 依次取 1,3,4 时,$x_2 + x_3 + \cdots + x_k$ 分别等于 $n-1, n-3, n-4$.故当 $n > 4$ 时

$$a_n = a_{n-1} + a_{n-3} + a_{n-4} \tag{7}$$

写出这个数列的前若干项

$$1, \quad 1, \quad 2, \quad 4, \quad 6, \quad 9, \quad 15, \quad 25, \quad 40, \quad 64, \quad \cdots$$

其中偶数位上的数为

$$1, \quad 4, \quad 9, \quad 16, \quad 25, \quad 64, \quad \cdots$$

它们的平方根为

$$1, \quad 2, \quad 3, \quad 5, \quad 8, \quad \cdots$$

这恰是 F-数列的前几项.于是我们猜想：$a_{2n} = f_n^2$,然后证明这一猜想是正确的.

　　首先,由递归式(7)可得

$$a_{2n} = a_{2n-1} + a_{2n-3} + a_{2n-4}$$

$$a_{2n-1} = a_{2n-2} + a_{2n-4} + a_{2n-5}$$

$$a_{2n-3} + a_{2n-5} = a_{2n-2} - a_{2n-6}$$

　　于是有

$$a_{2n} = (a_{2n-2} + a_{2n-4} + a_{2n-5}) + a_{2n-3} + a_{2n-4}$$

$$= 2a_{2n-2} + 2a_{2n-4} - a_{2n-6}$$

即 $\{a_{2n}\}$ 满足递归方程

$$\begin{cases} a_{2n} = 2a_{2(n-1)} + 2a_{2(n-2)} - a_{2(n-3)}, & n \geqslant 4 \\ a_2 = 1, a_4 = 4, a_6 = 9 \end{cases} \tag{8}$$

这恰是平方 F-数列的递归式. 比较式(1)和式(8),可得

$$a_{2n} = f_n^2$$

由于 f_n 均为整数,故 a_{2n} 均为完全平方数.

4.1.3　平方 F-数列的恒等式

1. 数列的部分和

在 3.3 节式(1)中我们已经证明平方 F-数列的求和公式,数列 $\{x_n = f_n^2\}$ 的部分和为

$$x_1 + x_2 + \cdots + x_n = f_n f_{n+1}$$

一般地,当 $m < n$ 时,我们有

$$x_m + x_{m+1} + \cdots + x_n = f_n f_{n+1} - f_m f_{m-1}$$

事实上,由求和公式即得

$$x_m + x_{m+1} + \cdots + x_n$$
$$= (x_1 + x_2 + \cdots + x_n) - (x_1 + x_2 + \cdots + x_{m-1})$$
$$= f_{n+1} f_n - f_m f_{m-1}$$

2. 相邻若干项之间的关系

利用上面所建立的递归式,可以得到数列的相邻若干项之间的关系:

由数列的三阶线性齐次递归表示可得

$$x_n + x_{n+3} = 2(x_{n+2} + x_{n+1})$$

即任意相邻四项中,首末两项的和等于中间两项的和的两倍.

由数列的三阶线性非齐次递归表示可得

$$|(x_{n+3} - x_n) - 4(x_{n+2} - x_{n+1})| = 4$$

即任意相邻四项中,首末两项的差为 4 的倍数,且与中间两项的差的四倍之差的绝对值等于 4.

由数列的二阶线性非齐次递归表示可得

$$|(x_n + x_{n+2}) - 3x_{n+1}| = 2$$

即任意相邻三项中,首末两项的和与中项的 3 倍之差的绝对值为 2.

3. 用平方 F-数列的递归方程证明恒等式

平方 F-数列的递归方程也可用于恒等式的证明,例如:

设 k 为奇数,则下面的恒等式成立:

$$(f_{k+1} + f_{k+3})(8f_{k-3} - f_{k+1}) + 3(13 - f_{2k-3}) = 0$$

证明 利用 Catalan 恒等式、相邻两项平方和公式及平方 F-数列递归方程,得

$$\begin{aligned}
\text{左边} &= 8f_{k-3}f_{k+1} + 8f_{k-3}f_{k+3} - f_{k+1}f_{k+3} - f_{k+1}^2 + 39 - 3(f_{k-1}^2 + f_{k-2}^2) \\
&= 8(f_{k-1}^2 + (-1)^k) + 8(f_k^2 + (-1)^k f_3^2) - (f_{k+2}^2 + (-1)^{k+2}) \\
&\quad - f_{k+1}^2 + 39 - 3(f_{k-1}^2 + f_{k-2}^2) \\
&= 8f_{k-1}^2 - 8 + 8f_k^2 - 8 \times 4 - f_{k+2}^2 + 1 + 39 - f_{k+1}^2 \\
&\quad - 3(f_{k-1}^2 + f_{k-2}^2) \\
&= -3f_{k-2}^2 + 5f_{k-1}^2 + 8f_k^2 - f_{k+2}^2 - f_{k+1}^2 \\
&= -3f_{k-2}^2 + 5f_{k-1}^2 + 8f_k^2 - 2(f_{k+1}^2 + f_k^2) + f_{k-1}^2 - f_{k+1}^2 \\
&= -3(f_{k-2}^2 - 2(f_{k-1}^2 + f_k^2) + f_{k+1}^2) = 0
\end{aligned}$$

当 k 为偶数时,类似可证:

$$(f_{k+1} + f_{k+3})(8f_{k-3} - f_{k+1}) - 3(13 + f_{2k-3}) = 0$$

4.1.4 不变量

对于 F-数列,Catalan 恒等式是数列的重要性质,而 Cassini 恒

等式是 Catalan 恒等式的特例. 对于平方 F-数列有如下类似的性质.

若将 Cassini 恒等式取绝对值, 则有

$$|f_{n+1}f_{n-1} - f_n^2| = 1$$

此式左边的值与 n 无关, 是一个重要的不变量. 自然, 对于平方 F-数列, 我们也希望探求类似的不变量.

首先我们给出下面的定理.

定理 1 设 $\{x_n = f_n^2\}$ 是平方 F-数列, 则有

$$\begin{vmatrix} x_n & x_{n+1} & x_{n+2} \\ x_{n+1} & x_{n+2} & x_{n+3} \\ x_{n+2} & x_{n+3} & x_{n+4} \end{vmatrix} = (-1)^{n-1} \times 2$$

证明 由平方 F-数列的递归方程可得

$$x_{n+2} - 2(x_{n+1} + x_n) = -x_{n-1}$$

将行列式的第三列减去第一、二两列之和的二倍, 得

$$\begin{vmatrix} x_n & x_{n+1} & x_{n+2} \\ x_{n+1} & x_{n+2} & x_{n+3} \\ x_{n+2} & x_{n+3} & x_{n+4} \end{vmatrix} = \begin{vmatrix} x_n & x_{n+1} & -x_{n-1} \\ x_{n+1} & x_{n+2} & -x_n \\ x_{n+2} & x_{n+3} & -x_{n+1} \end{vmatrix}$$

$$= -\begin{vmatrix} x_{n-1} & x_n & x_{n+1} \\ x_n & x_{n+1} & x_{n+2} \\ x_{n+1} & x_{n+2} & x_{n+3} \end{vmatrix} = \cdots$$

$$= (-1)^{n-1} \begin{vmatrix} x_1 & x_2 & x_3 \\ x_2 & x_3 & x_4 \\ x_3 & x_4 & x_5 \end{vmatrix} = (-1)^{n-1} \times 2$$

若将上面的行列式展开, 则可得到恒等式:

推论 1

$$(x_n x_{n+2} x_{n+4} + 2x_{n+1} x_{n+2} x_{n+3}) - (x_{n+2}^3 + x_n x_{n+3}^2 + x_{n+1}^2 x_{n+4})$$
$$= (-1)^{n-1} \times 2$$

若将上面的行列式按另一种方式展开

$$\begin{vmatrix} x_n & x_{n+1} & x_{n+2} \\ x_{n+1} & x_{n+2} & x_{n+3} \\ x_{n+2} & x_{n+3} & x_{n+4} \end{vmatrix}$$

$$= x_n \begin{vmatrix} 1 & x_{n+1} & x_{n+2} \\ x_{n+1}/x_n & x_{n+2} & x_{n+3} \\ x_{n+2}/x_n & x_{n+3} & x_{n+4} \end{vmatrix}$$

$$= x_n \begin{vmatrix} 1 & 0 & 0 \\ x_{n+1}/x_n & x_{n+2} - (x_{n+1}^2/x_n) & x_{n+3} - (x_{n+1} x_{n+2}/x_n) \\ x_{n+2}/x_n & x_{n+3} - (x_{n+1} x_{n+2}/x_n) & x_{n+4} - (x_{n+2}^2/x_n) \end{vmatrix}$$

$$= x_n((x_{n+2} - (x_{n+1}^2/x_n))(x_{n+4} - (x_{n+2}^2/x_n))$$
$$- (x_{n+3} - (x_{n+1} x_{n+2}/x_n))^2)$$

$$= (-1)^{n-1} \times 2$$

整理得恒等式:

推论 2

$$(x_n x_{n+2} - x_{n+1}^2)(x_n x_{n+4} - x_{n+2}^2) - (x_n x_{n+3} - x_{n+1} x_{n+2})^2$$
$$= (-1)^{n-1} \times 2x_n$$

又由平方 F-数列的递归式(6)可知

$$x_{n+2} - 3x_{n+1} + x_n = (-1)^{n-1} \times 2$$

将定理中的行列式变形:第三列减去第二列的三倍再加上第一列,得

$$(-1)^{n-1} \times 2 = \begin{vmatrix} x_n & x_{n+1} & x_{n+2} \\ x_{n+1} & x_{n+2} & x_{n+3} \\ x_{n+2} & x_{n+3} & x_{n+4} \end{vmatrix} = \begin{vmatrix} x_n & x_{n+1} & (-1)^{n-1} \times 2 \\ x_{n+1} & x_{n+2} & (-1)^{n} \times 2 \\ x_{n+2} & x_{n+3} & (-1)^{n+1} \times 2 \end{vmatrix}$$

$$= (-1)^{n-1} \times 2 \begin{vmatrix} x_n & x_{n+1} & 1 \\ x_{n+1} & x_{n+2} & -1 \\ x_{n+2} & x_{n+3} & 1 \end{vmatrix}$$

$$= (-1)^{n-1} \times 2((x_n x_{n+2} + x_{n+1} x_{n+3} + x_n x_{n+3})$$

$$- (x_{n+1}^2 + x_{n+2}^2 + x_{n+1} x_{n+2}))$$

整理可得下面的恒等式,它表示平方 F-数列任意相邻四项之间的关系.

推论 3

$$(x_n x_{n+2} + x_{n+1} x_{n+3} + x_n x_{n+3}) - (x_{n+1}^2 + x_{n+2}^2 + x_{n+1} x_{n+2}) = 1$$

现在考察与 Catalan 恒等式类似的性质.

定理 2 设 $\{x_n = f_n^2\}$ 是平方 F-数列,则有

$$x_{n+1} x_{n-1} - x_n^2 = 2 \times (-1)^n x_n + 1$$

证明 将前面的递归式写成

$$x_n - 3x_{n+1} = -x_{n+2} + (-1)^{n-1} \times 2$$

并在下面的行列式中将第一列减去第二列的三倍,可得

$$\begin{vmatrix} x_{n-2} & x_{n-1} \\ x_{n-1} & x_n \end{vmatrix} = \begin{vmatrix} -x_n + 2 \times (-1)^{n-3} & x_{n-1} \\ -x_{n+1} + 2 \times (-1)^{n-2} & x_n \end{vmatrix}$$

$$= \begin{vmatrix} x_{n-1} & x_n \\ x_n & x_{n+1} \end{vmatrix} + 2 \times (-1)^{n-1}(x_n + x_{n-1})$$

故依次得

$$\begin{vmatrix} x_{n-1} & x_n \\ x_n & x_{n+1} \end{vmatrix} = \begin{vmatrix} x_{n-2} & x_{n-1} \\ x_{n-1} & x_n \end{vmatrix} + 2 \times (-1)^n(x_n + x_{n-1})$$

$$= \begin{vmatrix} x_{n-3} & x_{n-2} \\ x_{n-2} & x_{n-1} \end{vmatrix} + 2 \times (-1)^n (x_n + x_{n-1} - x_{n-1} - x_{n-2})$$

$$= \cdots$$

$$= \begin{vmatrix} x_1 & x_2 \\ x_2 & x_3 \end{vmatrix} + 2 \times (-1)^n (x_n + x_{n-1} - x_{n-1}$$

$$- x_{n-2} + \cdots + (-1)^{n-3} (x_3 + x_2))$$

$$= 3 + 2 \times (-1)^n (x_n + (-1)^{n-3} x_2)$$

展开得

$$x_{n+1} x_{n-1} - x_n^2 = 2 \times (-1)^n x_n + 1$$

与 Catalan 恒等式类似,定理 2 中的恒等式表示平方 F-数列任意相邻三项之间的关系. 实际上,这个恒等式与 Catalan 恒等式之间有密切的联系. 如果我们将它写成

$$x_n^2 + 2 \times (-1)^n x_n + (1 - x_{n+1} x_{n-1}) = 0$$

视之为 x_n 的一元二次方程,解出

$$x_n = \frac{1}{2} (2 \times (-1)^{n+1} \pm \sqrt{4 - 4(1 - x_{n+1} x_{n-1})})$$

$$= (-1)^{n+1} \pm \sqrt{x_{n+1} x_{n-1}}$$

由此即得 Catalan 恒等式;反之,将 Catalan 恒等式两边平方,也可以推出所要的恒等式.

4.1.5　平方 F-数列的子数列

设 $\{n_i : i \geqslant 1\}$ 是由自然数组成的严格上升数列,则 $\{x_{n_i} : i \geqslant 1\}$ 是数列 $\{x_n\}$ 的子数列,称 $\{n_i : i \geqslant 1\}$ 是 $\{x_{n_i} : i \geqslant 1\}$ 的下标数列. 我们讨论 $\{x_n\}$ 的下标数列是等差数列 $\{n_i = k + id\}$ 的子数列:

由平方 F-数列的递归式,可知其特征方程为

$$\lambda^3 - 2\lambda^2 - 2\lambda + 1 = 0$$

分解为

$$(\lambda + 1)(\lambda^2 - 3\lambda + 1) = 0$$

记 $\lambda_1 = -1$，又设方程 $\lambda^2 - 3\lambda + 1 = 0$ 的根为 λ_2, λ_3，则

$$\lambda_2 + \lambda_3 = 3, \quad \lambda_2 \lambda_3 = 1$$

故平方 F-数列的通项可以表示为

$$x_n = a(-1)^n + b\lambda_2^n + c\lambda_3^n$$

于是 x_{k+id} 可表示为

$$x_{k+id} = a(-1)^{k+id} + b\lambda_2^{k+id} + c\lambda_3^{k+id}$$
$$= (a(-1)^k)((-1)^d)^i + (b\lambda_2^k)(\lambda_2^d)^i + (c\lambda_3^k)(\lambda_3^d)^i$$

故此数列的特征根为 $(-1)^d, \lambda_2^d, \lambda_3^d$，而特征方程为

$$(\lambda - (-1)^d)(\lambda - \lambda_2^d)(\lambda - \lambda_3^d) = 0$$

将其展开为

$$\lambda^3 - A\lambda^2 + B\lambda - C = 0$$

设 $M_d = \lambda_2^d + \lambda_3^d$，则由 Vieta 定理，有

$$A = (-1)^d + \lambda_2^d + \lambda_3^d = (-1)^d + M_d$$
$$B = (-1)^d\lambda_2^d + (-1)^d\lambda_3^d + \lambda_2^d\lambda_3^d = (-1)^dM_d + 1$$
$$C = (-1)^d\lambda_2^d\lambda_3^d = (-1)^d$$

由此可得平方 F-数列的递归方程为

$$x_{k+(i+3)d} = ((-1)^d + M_d)x_{k+(i+2)d} - ((-1)^dM_d + 1)x_{k+(i+1)d}$$
$$+ (-1)^dx_{k+id}$$

注意到系数 A, B, C 均与 k 无关，故对 $k = 0, 1, 2, \cdots, d-1$，数列 $\{x_{k+id}\}$ 有相同的递归方程.

又由递归方程可知，对于任意的自然数 k，当 d 为奇数时

$$x_{k+(i+3)d} + x_{k+id} = (M_d - 1)(x_{k+(i+2)d} + x_{k+(i+1)d})$$

d 为偶数时

$$x_{k+(i+3)d} - x_{k+id} = (M_d + 1)(x_{k+(i+2)d} - x_{k+(i+1)d})$$

这是关于平方 Fibonacci 数的一组有趣的恒等式.

现在我们来考察参数 M_d. 首先易知

$$M_0 = 2, \quad M_1 = 3$$

进而有

$$M_d = \lambda_2^d + \lambda_3^d = \frac{1}{3}(\lambda_2^d + \lambda_3^d)(\lambda_2 + \lambda_3)$$

$$= \frac{1}{3}((\lambda_2^{d+1} + \lambda_3^{d+1}) + \lambda_2\lambda_3(\lambda_2^{d-1} + \lambda_3^{d-1}))$$

$$= \frac{1}{3}(M_{d+1} + M_{d-1})$$

故得数列 $\{M_d\}$ 的递归表示

$$M_{d+1} = 3M_d - M_{d-1}$$

4.1.6　平方 F-数列与几何

平方 F-数列的项可以解释为以 Fibonacci 数为边长的正方形的面积,而关于这个数列的一些恒等式则可以构造有趣的几何图形. 例如,数列的递归方程

$$x_{n+3} = 2(x_{n+2} + x_{n+1}) - x_n$$

可构造图 4.1,从图 4.1 中可以看出,边长为 f_{n+3} 的正方形的面积恰等于其对角线上的两对全等的正方形面积之和减去中间重叠部分的正方形面积.

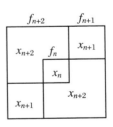

图 4.1

再看两个复杂一点的例子,我们同时给出恒等式的代数证明及几何构造.

1.

$$f_{n+3}^2 = 4f_{n+2}^2 - 3f_n^2 - 4f_{n+1}f_n$$

证明

右边 $= 4f_{n+2}^2 - 3f_n^2 - 4f_{n+1}f_n = 4(f_{n+1} + f_n)^2 - 3f_n^2 - 4f_{n+1}f_n$

$\quad = 4f_{n+1}^2 + 4f_n^2 - 3f_n^2 + 4f_{n+1}f_n = 4f_{n+1}^2 + f_n^2 + 4f_{n+1}f_n$

$\quad = (2f_{n+1} + f_n)^2 = f_{n+3}^2 =$ 左边

此式具有递归的性质,但我们更感兴趣的是其几何意义:若写成

$$f_{n+3}^2 + 3f_n^2 + 4f_nf_{n+1} = 4f_{n+2}^2$$

则表示等式左边的正方形和长方形按图 4.2 的方式可拼成四个边长为 f_{n+2} 的正方形.

2.

$$f_{n+3}^2 = f_{n+2}^2 + 3f_{n+1}^2 + 2f_nf_{n+1}$$

证明

右边 $= f_{n+2}^2 + 3f_{n+1}^2 + 2f_nf_{n+1} = (f_n + f_{n+1})^2 + 3f_{n+1}^2 + 2f_nf_{n+1}$

$\quad = f_n^2 + f_{n+1}^2 + 3f_{n+1}^2 + 4f_nf_{n+1} = f_n^2 + 4f_{n+1}^2 + 4f_nf_{n+1}$

$\quad = (f_n + 2f_{n+1})^2 = f_{n+3}^2 =$ 左边

如图 4.3 所示,这个式子也表示边长为 f_{n+3} 的正方形的一种分割.

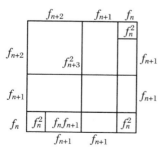

图 4.2

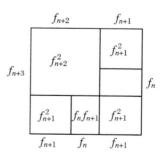

图 4.3

4.2　通项为 F-数列两项之积的数列

本节讨论以 F-数列的两项之积为通项的数列 $\{x_n = f_{n+p}f_{n+q}\}$.

4.2.1　以 F-数列的两项之积为通项的数列

1. 通项为 F-数列的相邻两项之积的数列的递归式

当 $p=0, q=1$ 时,x_n 是 F-数列的相邻两项之积.

数列 $\{x_n = f_n f_{n+1}\}$ 满足递归式

$$x_{n+3} = 2(x_{n+2} + x_{n+1}) - x_n \qquad (1)$$

证明　由

$$f_{n+2}^2 = (f_n + f_{n+1})^2 = f_n^2 + f_{n+1}^2 + 2f_n f_{n+1}$$

得

$$f_n f_{n+1} = \frac{1}{2}(f_{n+2}^2 - f_n^2 - f_{n+1}^2)$$

但平方 F-数列满足式(1),故数列 $\{x_n\}$ 满足式(1).

这个数列的部分和公式为

$$f_1 f_2 + f_2 f_3 + \cdots + f_{2n-1}f_{2n} = f_{2n}^2 \qquad (2)$$

$$f_1 f_2 + f_2 f_3 + \cdots + f_{2n}f_{2n+1} = f_{2n+1}^2 - 1 \qquad (3)$$

证明　由

$$f_{2k}^2 - f_{2k-2}^2 = (f_{2k} + f_{2k-2})(f_{2k} - f_{2k-2})$$

$$= (f_{2k} + f_{2k-2})f_{2k-1} = f_{2k-2}f_{2k-1} + f_{2k-1}f_{2k}$$

得

$$f_2^2 = f_1 f_2$$

$$f_4^2 - f_2^2 = f_2 f_3 + f_3 f_4$$

$$f_6^2 - f_4^2 = f_4 f_5 + f_5 f_6$$

······

$$f_{2n}^2 - f_{2n-2}^2 = f_{2n-2} f_{2n-1} + f_{2n-1} f_{2n}$$

相加即得式(2);在式(2)两边同加 $f_{2n} f_{2n+1}$ 并应用 Cassini 恒等式,则右边成为

$$f_{2n}^2 + f_{2n} f_{2n+1} = f_{2n} f_{2n+2} = f_{2n+1}^2 - 1$$

故得式(3).

2. 数列$\{x_n = f_{n+p} f_{n+q}\}$的递归式

数列$\{x_n = f_{n+p} f_{n+q}\}$满足递归式(1).

证明　当 $q = p + 2k$ 时,由 Catalan 恒等式可得

$$f_{n+p} f_{n+p+2k} - f_{n+p+k}^2 = (-1)^{n+p+2k-1} f_k^2$$

即

$$f_{n+p} f_{n+p+2k} = f_{n+p+k}^2 + (-1)^{n+p-1} f_k^2 \qquad (4)$$

由平方 F-数列的递推式可知

$$f_{(n+3)+p+k}^2 + (-1)^{(n+3)+p-1} f_k^2$$

$$= 2((f_{(n+2)+p+k}^2 + (-1)^{(n+2)+p-1} f_k^2) + (f_{(n+1)+p+k}^2$$

$$+ (-1)^{(n+1)+p-1} f_k^2)) - (f_{n+p+k}^2 + (-1)^{n+p-1} f_k^2)$$

由式(4)知递归式(1)成立.

当 $q = p + (2k+1)$ 时,用类似的方法,由 Catalan 恒等式的拓广可证式(1)仍然成立.

3. Fibonacci 直角三角形的递归表示

前面我们讨论了三类特殊的 Fibonacci 直角三角形.应用上面的结果于一般的 Fibonacci 直角三角形,我们可以得到这类三角形

的递归表示.

设 (p, q) 为任意一对正整数. 由 (f_{n+p}, f_{n+q}) 生成的直角三角形的三边记为 a_n, b_n, c_n, 则 a_n, b_n, c_n 均满足递归式(1).

事实上,我们有

$$a_n = f_{n+p}^2 - f_{n+q}^2, \quad b_n = 2f_{n+p}f_{n+q}, \quad c_n = f_{n+p}^2 + f_{n+q}^2$$

各式右边都满足递归式(1),故 a_n, b_n, c_n 都满足式(1).

4.2.2 关于 F-数列相邻若干项之间关系的恒等式

1. F-数列的相邻三项满足

$$(f_{n-1} + f_{n+1})f_n = f_{2n} \tag{5}$$

证明

$$(f_{n-1} + f_{n+1})f_n = (f_{n-1} + f_{n+1})(f_{n+1} - f_{n-1})$$
$$= f_{n+1}^2 - f_{n-1}^2 = f_{2n}$$

2. F-数列的相邻四项满足

$$\begin{cases} f_{n+2}f_{n+1} - f_nf_{n-1} = f_{2n+1} \\ f_nf_{n+3} - f_{n+1}f_{n+2} = (-1)^{n-1} \end{cases} \tag{6}$$

证明

$$f_{n+2}f_{n+1} - f_nf_{n-1} = (f_{n+2}f_{n+1} - f_{n+1}f_n) + (f_{n+1}f_n - f_nf_{n-1})$$
$$= f_{n+1}(f_{n+2} - f_n) + f_n(f_{n+1} - f_{n-1})$$
$$= f_{n+1}^2 + f_n^2 = f_{2n+1}$$
$$f_nf_{n+3} - f_{n+1}f_{n+2} = f_n(f_{n+1} + f_{n+2}) - (f_{n-1} + f_n)f_{n+2}$$
$$= -(f_{n-1}f_{n+2} - f_nf_{n+1}) = \cdots$$
$$= (-1)^{n-1}(f_1f_4 - f_2f_3)$$
$$= (-1)^{n-1}(1 \times 3 - 1 \times 2) = (-1)^{n-1}$$

3. F-数列的相邻五项满足

$$f_{n-2}f_{n-1} + f_{n+1}f_{n+2} = 2f_n(f_{n-1} + f_{n+1}) = 2f_{2n} \qquad (7)$$

证明 首先注意下面的两个式子:

$$f_{n+2} = f_{n+1} + f_n = 2f_n + f_{n-1}$$

$$f_{n+1} - 2f_n + f_{n-2} = (f_n + f_{n-1}) - f_n - (f_n - f_{n-2}) = 0$$

利用这两个式子可得

$$\begin{aligned}
&f_{n-2}f_{n-1} + f_{n+1}f_{n+2} - 2f_n(f_{n-1} + f_{n+1}) \\
&= f_{n-2}f_{n-1} + f_{n+1}(2f_n + f_{n-1}) - 2f_n(f_{n-1} + f_{n+1}) \\
&= f_{n-1}(f_{n+1} - 2f_n + f_{n-2}) = 0
\end{aligned}$$

由此得式(7).

4. F-数列的相邻六项满足

$$f_{n+3}f_{n+2} - f_{n-1}f_{n-2} = 3(f_{n+1}f_{n+2} - f_{n-1}f_n) \qquad (8)$$

证明 由式(7)可得

$$\begin{aligned}
&f_{n+3}f_{n+2} - f_{n-1}f_{n-2} - (f_{n+1}f_{n+2} - f_{n-1}f_n) \\
&= (f_{n+3}f_{n+2} + f_{n-1}f_n) - (f_{n+1}f_{n+2} + f_{n-1}f_{n-2}) \\
&= 2f_{n+1}(f_n + f_{n+2}) - 2f_n(f_{n-1} + f_{n+1}) \\
&= 2(f_{n+1}f_{n+2} - f_{n-1}f_n)
\end{aligned}$$

故得式(8).

在 4.7 节讨论 k 方 F-数列的时候,将用到恒等式(6)和式(8). 值得指出的是,式(7)和式(8)的意义还在于它给出了由相邻的两个 Fibonacci 数的积所组成的数列的递推关系:设 $x_n = f_nf_{n+1}$,则由式(7)和式(8),数列 $\{x_n : n \geqslant 1\}$ 的递归式可为

$$x_{n+1} = 2(x_n + x_{n-1}) - x_{n-2} \qquad (9)$$

$$x_{n+2} = 3(x_{n+1} - x_{n-1}) + x_{n-2} \qquad (10)$$

显然,式(9)较式(10)更简单.

4.3　立方 F-数列

由 F-数列各项的立方组成的数列 $\{x_n = f_n^3\}$,称为立方 F-数列,本节给出这个数列的递归方程及部分和公式.

4.3.1　立方 F-数列的递归方程

立方 F-数列 $\{x_n = f_n^3\}$ 满足递归式

$$x_{n+4} = 3x_{n+3} + 6x_{n+2} - 3x_{n+1} - x_n \tag{1}$$

证明　由已知公式

$$f_{3n} = f_{n+1}^3 + f_n^3 - f_{n-1}^3$$

故先求出数列 $\{f_{3n} : n \geqslant 1\}$ 的递推式.

由 F-数列及奇(偶)阶 F-数列的递推式可得

$$f_{3n+3} = f_{3n+2} + f_{3n+1} = (3f_{3n} - f_{3n-2}) + (f_{3n} + f_{3n-1})$$
$$= 4f_{3n} + f_{3n-3}$$

故得递推式

$$f_{3(n+1)} = 4f_{3n} + f_{3(n-1)}$$

现由

$$f_{3(n+1)} = f_{n+2}^3 + f_{n+1}^3 - f_n^3$$
$$f_{3n} = f_{n+1}^3 + f_n^3 - f_{n-1}^3$$
$$f_{3(n-1)} = f_n^3 + f_{n-1}^3 - f_{n-2}^3$$

得

$$f_{n+2}^3 + f_{n+1}^3 - f_n^3 = 4(f_{n+1}^3 + f_n^3 - f_{n-1}^3) + (f_n^3 + f_{n-1}^3 - f_{n-2}^3)$$

整理即得立方 F-数列递推式

$$f_{n+2}^3 = 3f_{n+1}^3 + 6f_n^3 - 3f_{n-1}^3 - f_{n-2}^3$$

对于四次及更高次的 F-数列,如果仍用上面的方法来建立递推方程,则随着次数的增加将越来越复杂,所以有必要进行方法上的创新.在下节中我们将讨论新方法的基本思想和原理,并用新方法对平方 F-数列和立方 F-数列作统一的处理,重新得到它们的递归方程.这一方法也适用于四次及更高次的 F-数列,关于一般的 k 方 F-数列的递推方程将在 4.7 节和 4.8 节进行彻底的讨论.

4.3.2　立方 F-数列的部分和

立方 F-数列有下面的部分和公式:

$$f_1^3 + f_2^3 + \cdots + f_n^3 = \frac{1}{10}(f_{3n+2} + (-1)^{n+1}6f_{n-1} - 1) \qquad (2)$$

证明　由 Binet 公式,注意 $\alpha\beta = -1$,可得

$$f_k^3 = \left(\frac{\alpha^k - \beta^k}{\sqrt{5}}\right)^3 = \frac{1}{5}\left(\frac{\alpha^{3k} - 3\alpha^{2k}\beta^k + 3\alpha^k\beta^{2k} - \beta^{3k}}{\sqrt{5}}\right)$$

$$= \frac{1}{5}\left(\frac{\alpha^{3k} - \beta^{3k}}{\sqrt{5}} - 3\alpha^k\beta^k\frac{\alpha^k - \beta^k}{\sqrt{5}}\right) = \frac{1}{5}(f_{3k} - (-1)^k 3f_k)$$

$$= \frac{1}{5}(f_{3k} + (-1)^{k+1}3f_k)$$

因而

$$f_1^3 + f_2^3 + \cdots + f_k^3$$

$$= \frac{1}{5}((f_3 + f_6 + \cdots + f_{3n}) + 3(f_1 - f_2 + \cdots + (-1)^{n+1}f_n))$$

$$= \frac{1}{5}\left(\frac{f_{3n+2} - 1}{2} + (-1)^{n+1}3f_{n-1}\right)$$

$$= \frac{1}{10}(f_{3n+2} + (-1)^{n+1}6f_{n-1} - 1)$$

4.4　Fibonacci 倒数列

本节讨论由 Fibonacci 数的倒数组成的数列和它的应用.

4.4.1　Fibonacci 倒数列及其递归方程

设 f_n 为 Fibonacci 数, 称 $x_n = \dfrac{1}{f_n}$ 为 Fibonacci 倒数, 数列 $\left\{ x_n = \dfrac{1}{f_n} \right\}$ 为 Fibonacci 倒数列.

由 $f_{n+2} = f_{n+1} + f_n$, 两边同除以 $f_n f_{n+1}$, 得

$$\frac{f_{n+2}}{f_{n+1} f_n} = \frac{1}{f_{n+1}} + \frac{1}{f_n}$$

从而得

$$x_{n+2} = \frac{x_{n+1} x_n}{x_{n+1} + x_n} \tag{1}$$

这就是 Fibonacci 倒数列的递归方程. 此方程不是线性方程, 故 Fibonacci 倒数列不是线性递归数列.

4.4.2　一个恒等式及其推论

1. 关于 Fibonacci 倒数列的一个恒等式

将 Fibonacci 倒数列的递推方程两边平方, 得

$$x_{n+2}^2 = \frac{x_{n+1}^2 x_n^2}{x_{n+1}^2 + x_n^2 + 2 x_{n+1} x_n}$$

故

$$(x_{n+1} x_n)^2 - 2 x_{n+2}^2 (x_{n+1} x_n) - x_{n+2}^2 (x_{n+1}^2 + x_n^2) = 0$$

这是关于 $x_{n+1}x_n$ 的一元二次方程,由求根公式有

$$x_{n+1}x_n = x_{n+2}^2 \pm \sqrt{x_{n+2}^4 + x_{n+2}^2(x_{n+1}^2 + x_n^2)}$$

$$= x_{n+2}^2 \pm x_{n+2}\sqrt{x_{n+2}^2 + x_{n+1}^2 + x_{n+2}^2}$$

由于 x_n 均为正数,而

$$x_{n+2}^2 - x_{n+2}\sqrt{x_n^2 + x_{n+1}^2 + x_{n+2}^2} < x_{n+2}^2 - x_{n+2}x_{n+2} = 0$$

故舍去负号,而得恒等式

$$x_n x_{n+1} = x_{n+2}(x_{n+2} + \sqrt{x_n^2 + x_{n+1}^2 + x_{n+2}^2}) \tag{2}$$

2. 恒等式的推论

由于式(2)中诸 x_n 均为有理数,故由此恒等式可得以下推论.

推论 1   F-倒数列的任意相邻三项的平方和必为有理数的平方:

$$x_n^2 + x_{n+1}^2 + x_{n+2}^2 = \left(\frac{x_n x_{n+1} - x_{n+2}^2}{x_{n+2}}\right)^2 \tag{3}$$

又

$$x_n^2 + x_{n+1}^2 + x_{n+2}^2 = \frac{1}{f_n^2} + \frac{1}{f_{n+1}^2} + \frac{1}{f_{n+2}^2}$$

$$= \frac{(f_{n+1}f_{n+2})^2 + (f_n f_{n+2})^2 + (f_n f_{n+1})^2}{f_n^2 f_{n+1}^2 f_{n+2}^2} \tag{4}$$

于是由式(3)和式(4)得

$$(f_n f_{n+1})^2 + (f_{n+1}f_{n+2})^2 + (f_n f_{n+2})^2$$

$$= (x_n^2 + x_{n+1}^2 + x_{n+2}^2)(f_n f_{n+1} f_{n+2})^2$$

$$= \left(\frac{x_{n+1}x_n - x_{n+2}^2}{x_{n+2}}\right)^2 (f_n f_{n+1} f_{n+2})^2 = (f_{n+2}^2 - f_n f_{n+1})^2 \tag{5}$$

由式(5)可得以下推论.

推论 2   F-数列任意相邻三项两两之积的平方和为平方数.

3. 关于整式的一个命题

上述推论 2 是关于 F-数列的一个性质,但它只是关于整式的一个命题的直接结果.

命题　对任意 $a,b,c=a+b$,和式 $(ab)^2+(bc)^2+(ac)^2$ 是一个整式的平方:

$$(ab)^2+(bc)^2+(ac)^2=(c^2-ab)^2 \tag{6}$$

证明　由

$$(c^2-ab)^2-(ab)^2=(c^2-ab+ab)(c^2-ab-ab)$$
$$=c^2((a+b)^2-2ab)^2$$
$$=c^2(a^2+b^2)=(ac)^2+(bc)^2$$

立得.

由此命题,对任意整数 a,b 及 $c=a+b,a,b,c$ 两两乘积的平方和是平方数.再注意到 F-数列的相邻三项恰满足 $f_{n+2}=f_{n+1}+f_n$,故上面的推论 2 成立.

4.4.3　不定方程 $x^2+y^2+z^2=w^2$ 的解

联系到不定方程,我们又有下面的命题.

命题　不定方程 $x^2+y^2+z^2=w^2$ 有无穷多组自然数解:

$$x=ab,\quad y=ac,\quad z=bc,\quad w=c^2-ab \tag{7}$$

其中 a,b 为自然数,而 $c=a+b$.

上面的解也可以写成

$$x=ab,\quad y=ab+b^2,\quad z=a^2+ab,\quad w=a^2+ab+b^2 \tag{8}$$

这些解还满足条件

$$x+w=y+z=(a+b)^2$$

显然我们没有给出这个方程的全部解,例如

$$\begin{cases} x = a^2, y = 2b^2, z = 2ab \\ w = a^2 + 2b^2 \end{cases} , \quad a, b \text{ 为任意自然数} \quad (9)$$

也是方程的解

$$x^2 + y^2 + z^2 = a^4 + 4b^4 + 4a^2 b^2 = (a^2 + 2b^2)^2$$

求出方程的全部解不是我们所要讨论的问题.

4.4.4　另一个递归方程及其应用

1. 递归方程

Fibonacci 倒数列 $\left\{ x_n = \dfrac{1}{f_n} \right\}$ 满足下面的递归方程:

$$x_{n+2} = \frac{x_n - x_{n+1}}{1 + (-1)^n x_n x_{n+1}} \quad (10)$$

证明　由 Catalan 恒等式 $f_n f_{n+2} - f_{n+1}^2 = (-1)^{n-1}$ 可得

$$f_{n+1}^2 = f_n f_{n+2} + (-1)^n$$

因而有

$$\begin{aligned} f_{n+1} f_{n+2} &= f_{n+1}(f_{n+1} + f_n) = f_{n+1}^2 + f_n f_{n+1} \\ &= f_n f_{n+1} + f_n f_{n+2} + (-1)^n \end{aligned}$$

以 $f_n f_{n+1} f_{n+2}$ 除之,得

$$x_n = x_{n+1} + x_{n+2} + (-1)^n x_n x_{n+1} x_{n+2}$$

解出 x_{n+2},即得式(10).

在式(10)中以 $2n$ 代 n,得

$$x_{2n+2} = \frac{x_{2n} - x_{2n+1}}{1 + x_{2n} x_{2n+1}} \quad (11)$$

在式(10)中以 $2n-1$ 代 n,得

$$x_{2n+1} = \frac{x_{2n-1} - x_{2n}}{1 - x_{2n-1} x_{2n}} \quad (12)$$

容易发现,式(11)的右边与"两角差的正切公式"相似,若令

$$x_k = \tan \theta_k$$

则式(11)可写为

$$\tan \theta_{2n+2} = \frac{\tan \theta_{2n} - \tan \theta_{2n+1}}{1 + \tan \theta_{2n} \tan \theta_{2n+1}} = \tan(\theta_{2n} - \theta_{2n+1})$$

于是有

$$\theta_{2n+2} = \theta_{2n} - \theta_{2n+1}$$

由此得

$$\arctan x_{2n} = \arctan x_{2n+1} + \arctan x_{2n+2} \qquad (13)$$

2. 应用

有这样一道几何题:

"如图 4.4 所示,$ABCD$,$DCEF$,$FEGH$ 是并列在一起的三个正方形,求证:$\angle ADB + \angle AFB + \angle AHB = \pi/2$."

此题解法很多,最直观明了的解法是在图 4.4(a)上再拼上三个同样的正方形(图 4.4(b)),这时,$\triangle BFH'$ 为等腰直角三角形,$\angle A'H'H$ 为直角,而它恰好可以由题中的三个角拼成,因而三角之和恰为 $\pi/2$.

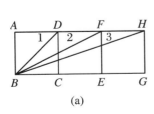

(a)

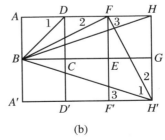

(b)

图 4.4

由此题可知

$$\angle AFB + \angle AHB = \frac{\pi}{4} \tag{14}$$

若令每个小正方形的边长为 1,则

$$AF = 2 = f_3, \quad AH = 3 = f_4$$

而

$$\tan \angle AFB = \frac{1}{2} = \frac{1}{f_3} = x_3, \quad \tan \angle AHB = \frac{1}{3} = \frac{1}{f_4} = x_4$$

故式(14)可写成

$$\arctan x_3 + \arctan x_4 = \frac{\pi}{4} \tag{15}$$

将式(13)应用于式(15),又得

$$\arctan x_3 + \arctan x_5 + \arctan x_6 = \frac{\pi}{4} \tag{16}$$

反复运用式(13),依次得

$$\arctan x_3 + \arctan x_5 + \arctan x_7 + \arctan x_8 = \frac{\pi}{4}$$

$$\arctan x_3 + \arctan x_5 + \arctan x_7 + \arctan x_9 + \arctan x_{10} = \frac{\pi}{4}$$

$$\cdots\cdots$$

一般地有(用数学归纳法证明)

$$\arctan x_3 + \arctan x_5 + \cdots + \arctan x_{2n-1} + \arctan x_{2n} = \frac{\pi}{4} \tag{17}$$

这个恒等式显然是前面那道几何题的推广. 如图 4.5 所示,我们作并排在一起的一列单位正方形,并且将各正方形的左上的顶点依次用 $0,1,2,3,\cdots$ 标记. 以标记 f_k 的点为顶点的角记为 θ_k,则

$\tan \theta_k = \dfrac{1}{f_k} = x_k$，前面的几何题的结论可以写成

$$\theta_3 + \theta_4 = \frac{\pi}{4}$$

而式(17)可写成

$$\theta_3 + \theta_5 + \cdots + \theta_{2k-1} + \theta_{2k} = \frac{\pi}{4}$$

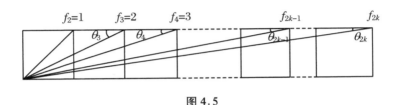

图 4.5

4.5 递归数列的通项、特征方程与递归方程

本节讨论一个一般原理，并利用它给出求平方、立方 F-数列的递归式的一个统一的处理，为以后讨论 F-数列的子数列及 k 方 F-数列做准备.

4.5.1 由递归数列的通项表示求递归方程的一般原理

我们对 F-数列的讨论的出发点是数列的递归方程

$$x_{n+2} = x_{n+1} + x_n$$

因为满足递归方程的数列不唯一，我们通过建立特征方程找出满足递归方程的等比数列 $\{\alpha^n\}$，$\{\beta^n\}$，等比数列的公比 α, β 就是特征方程的根，即递归数列的特征根，然后用这两个等比数列的线性

组合来表示 F-数列的通项

$$f_n = \frac{1}{\sqrt{5}}(\alpha^n - \beta^n)$$

在此我们看到,对于递归数列,递归方程与特征方程(特征根)相互唯一决定.而数列的通项用特征根的幂的线性组合表示,幂的底数由递归方程(特征方程)决定,而线性组合的系数由初始条件决定.

反过来,如果已知一个二阶线性齐次递归数列的通项具有

$$x_n = a\lambda_1^n + b\lambda_2^n, \quad \lambda_1 \neq \lambda_2$$

的形式,那么 λ_1, λ_2 就是递归数列的特征根,于是可知数列的特征方程为

$$(x - \lambda_1)(x - \lambda_2) = x^2 - ax - b$$

从而求得数列的递归方程

$$x_{n+2} = ax_{n+1} + bx_n$$

这样,我们就得到由递归数列的通项公式求数列的递归方程的一个一般方法.这个方法也适用于二阶以上的线性齐次递归数列.

下面我们将用这个方法对平方及立方 F-数列递归方程作统一的处理.

4.5.2　利用特征方程求递归方程

1. 平方 F-数列的递归方程

由 Binet 公式可得平方 F-数列的通项公式

$$f_n^2 = (a\alpha^n + b\beta^n)^2 = a^2(\alpha^2)^n + b^2(\beta^2)^n + 2ab(\alpha\beta)^n \quad (1)$$

故平方 F-数列的特征根为

$$\alpha^2 = \frac{1}{2}(3 + \sqrt{5}), \quad \beta^2 = \frac{1}{2}(3 - \sqrt{5}), \quad \alpha\beta = -1 \quad (2)$$

其特征方程为

$$\left(x - \frac{1}{2}(3 + \sqrt{5})\right)\left(x - \frac{1}{2}(3 - \sqrt{5})\right)(x - (-1)) = 0 \quad (3)$$

化简得

$$x^3 - 2x^2 - 2x + 1 = 0 \quad (4)$$

从而得到平方 F-数列递推式为

$$f_{n+3}^2 = 2(f_{n+2}^2 + f_{n+1}^2) - f_n^2 \quad (5)$$

与前面的结果一致.

2. 通项为相邻的两个 Fibonacci 数的数列的递推方程

由 Binet 公式可得此数列的通项公式

$$
\begin{aligned}
f_n f_{n+1} &= (a\alpha^n + b\beta^n)(a\alpha^{n+1} + b\beta^{n+1}) \\
&= a^2\alpha(\alpha^2)^n + b^2\beta(\beta^2)^n + (a\alpha + b\beta)(\alpha\beta)^n \quad (6)
\end{aligned}
$$

故数列的特征根为

$$\alpha^2 = \frac{1}{2}(3 + \sqrt{5}), \quad \beta^2 = \frac{1}{2}(3 - \sqrt{5}), \quad \alpha\beta = -1 \quad (7)$$

此即平方 F-数列的特征根,因此平方 F-数列递推式也就是由相邻的两个 Fibonacci 数的积所组成的数列的递推关系式,即

$$x_{n+1} = 2(x_n + x_{n-1}) - x_{n-2} \quad (8)$$

3. 立方 F-数列的递推方程

由 Binet 公式,并注意 $\alpha\beta = -1$,可得立方 F-数列的通项公式

$$
\begin{aligned}
f_n^3 &= a^3(\alpha^3)^n + 3a^2 b(\alpha^2)^n\beta^n + 3ab^2\alpha^n(\beta^2)^n + b^3(\beta^3)^n \\
&= a^3(\alpha^3)^n + 3a^2 b(-\alpha)^n + 3ab^2(-\beta)^n + b^3(\beta^3)^n \quad (9)
\end{aligned}
$$

故立方 F-数列的特征根为

$$\alpha^3, \quad \beta^3, \quad -\alpha, \quad -\beta \quad (10)$$

其特征方程为

$$(x - \alpha^3)(x - \beta^3)(x + \alpha)(x + \beta) \quad (11)$$

利用

$$\alpha + \beta = 1, \quad \alpha\beta = -1 \tag{12}$$

可将特征方程化简为

$$x^4 - 3x^3 - 6x^2 + 3x + 1 \tag{13}$$

从而得到立方 F-数列递推式为

$$f_{n+2}^3 = 3f_{n+1}^3 + 6f_n^3 - 3f_{n-1}^3 - f_{n-2}^3 \tag{14}$$

与前面的结果一致.

4. 由相邻的三个 Fibonacci 数的积所组成的数列的递推式

仿 3 中的讨论可知,由相邻的三个 Fibonacci 数的积所组成的数列的特征根亦为式(10),即与立方 F-数列有相同的特征根,因而有相同的特征方程和递推关系式.

4.6　F-数列的子数列

本节讨论 F-数列的子数列. 首先给出 F-数列中下标成等差数列的项组成的子数列的递归表示,并且利用这个递归表示得到关于 Fibonacci 数与 Lucas 数的一般关系式,讨论 F-数列的划分及 Catalan 恒等式,最后给出平方 F-数列的子数列的递归式.

4.6.1　F-数列的子数列

设 k 为任意正整数,考察 F-数列的子数列 $F_k = \{f_{kn} : n \geqslant 1\}$. 由 Binet 公式可得此数列的通项公式为

$$f_{kn} = a\alpha^{kn} + b\beta^{kn} = a(\alpha^k)^n + b(\beta^k)^n \tag{1}$$

故其特征根为 α^k, β^k,其特征方程为

$$(x - \alpha^k)(x - \beta^k) = x^2 - (\alpha^k + \beta^k)x + (\alpha\beta)^k = 0$$

即

$$x^2 - l_k x + (-1)^k = 0 \qquad (2)$$

由此可见,F-数列的子数列 $F_k = \{f_{kn} : n \geqslant 1\}$ 的递推式为

$$x_{n+2} = l_k x_{n+1} + (-1)^{k-1} x_n \qquad (3)$$

即有

$$f_{(n+2)k} = l_k f_{(n+1)k} + (-1)^{k-1} f_{nk} \qquad (4)$$

其中 $\{l_n : n \geqslant 1\}$ 为 Lucas 数列.

有趣的是,对于任意的自然数 $j\,(0 \leqslant j \leqslant k-1)$,式(3)也是数列 $\{f_{kn+j} : n \geqslant 1\}$ 的递推式.实际上,由这些数列的通项公式

$$f_{kn+j} = a\alpha^{kn+j} + b\beta^{kn+j} = (a\alpha^j)(\alpha^k)^n + (b\beta^j)(\beta^k)^n$$

可知其特征根均为 α^k,β^k,因而其递推式均为式(3).

上面我们通过数列的通项公式得到特征根,由特征根得到特征方程,因而求出数列的递归式(3).其实,利用 F-数列的矩阵表示,式(3)不难用矩阵方法直接推出.

若令

$$\boldsymbol{A} = \begin{bmatrix} 1 & 1 \\ 1 & 0 \end{bmatrix}$$

则由 F-数列的矩阵表示,可知

$$\boldsymbol{A}^n = \begin{bmatrix} f_{n+1} & f_n \\ f_n & f_{n-1} \end{bmatrix}, \quad n \geqslant 1$$

由 $|\boldsymbol{A}| = -1$,$|\boldsymbol{A}^n| = (|\boldsymbol{A}|)^n = (-1)^n$,可知 $\boldsymbol{A}^n$ 的特征多项式为

$$\varphi(\lambda) = \lambda^2 - (f_{n+1} + f_{n-1})\lambda + (-1)^n$$

由 Cayley-Hamilton 定理可知

$$\boldsymbol{A}^{2n} = (f_{n+1} + f_{n-1})\boldsymbol{A}^n + (-1)^{n-1}$$

两边同乘以 $\boldsymbol{A}^{nk}$,得

$$\boldsymbol{A}^{(k+2)n} = (f_{n+1} + f_{n-1})\boldsymbol{A}^{(k+1)n} + (-1)^{n-1}\boldsymbol{A}^{kn}$$

比较两边第一行、第二列的元素,得

$$f_{(k+2)n} = (f_{n+1} + f_{n-1})f_{(k+1)n} + (-1)^{n-1}f_{kn}$$

显然,此式可写成式(3)的形式.

由式(3)可知,奇阶或偶阶 F-数列的递推式为

$$f_{n+2} = 3f_n - f_{n-2}$$

而且还有

$$f_{n+3} = 4f_n + f_{n-3}$$
$$f_{n+4} = 7f_n - f_{n-4}$$

······

进而由得到的递归式可知,对任意 $n,k(k \leqslant n)$,有

$$f_{n+k} + (-1)^k f_{n-k} = l_k f_n$$

又由 Catalan 恒等式可知

$$f_{n+k}(-1)^k f_{n-k} = (-1)^k f_n^2 + (-1)^{n-1}f_k^2$$

由 Vieta 定理,f_{n+k},$(-1)^k f_{n-k}$ 是二次方程

$$x^2 - (l_k f_n)x + ((-1)^k f_n^2 + (-1)^{n-1}f_k^2) = 0$$

的两个根,因而 $(l_k f_n)^2 - 4((-1)^k f_n^2 + (-1)^{n-1}f_k^2)$ 应为完全平方数.并且有

$$f_{n+k}((l_k f_n) - f_{n+k}) = (-1)^k f_n^2 + (-1)^{n-1}f_k^2$$
$$f_{n-k}((-1)^k(l_k f_n) - f_{n-k}) = (-1)^k f_n^2 + (-1)^{n-1}f_k^2$$

因而又有

$$f_{n-k}((-1)^k(l_k f_n) - f_{n-k}) = f_{n+k}((l_k f_n) - f_{n+k})$$

4.6.2　Fibonacci 数与 Lucas 数

在 F-数列的子数列的递归方程中令 $n = k$,即得我们已经知道的关系式

$$f_{2k} = l_k f_k, \quad l_k = \frac{f_{2k}}{f_k}$$

这个式子也可以由

$$f_{2k} = f_{k+1}^2 - f_{k-1}^2 = (f_{k+1} + f_{k-1})(f_{k+1} - f_{k-1}) = l_k f_k$$

得到. 一般地,因为数列 $F_{k,i} = \{f_{nk+i} : n \geqslant 0\}$ $(i = 0, 1, 2, \cdots, k-1)$ 满足同样的递归方程,所以

$$l_k = \frac{f_{(n+2)k+i} + (-1)^k f_{nk+i}}{f_{(n+1)k+i}}, \quad i = 0, 1, 2, \cdots, k-1$$

即对任意的下标 n,均有

$$l_k = \frac{f_{n+k} + (-1)^k f_{n-k}}{f_n}$$

进而,由公式 $f_{2k+1} = f_{k+1}^2 + f_k^2$,可得

$$f_{2k} = l_k f_k = (f_{k+1} + f_{k-1})f_k$$

$$f_{4k} = l_{2k}f_{2k} = (f_{2k+1} + f_{2k-1})f_{2k} = (f_{k+1}^2 + f_k^2 + f_k^2 + f_{k-1}^2)f_{2k}$$

$$= (f_{k+1}^2 + 2f_k^2 + f_{k-1}^2)f_{2k}$$

$$f_{8k} = l_{4k}f_{4k} = (f_{4k+1} + f_{4k-1})f_{4k} = (f_{2k+1}^2 + 2f_{2k}^2 + f_{2k-1}^2)f_{2k}$$

一般地有

$$f_{2^{i+1}k} = l_{2^i k}f_{2^i k} = (f_{2^{i-1}k+1}^2 + 2f_{2^{i-1}k}^2 + f_{2^{i-1}k-1}^2)f_{2^i k}$$

由此又有

$$l_{2^i k} = f_{2^{i-1}k+1}^2 + 2f_{2^{i-1}k}^2 + 2f_{2^{i-1}k-1}^2$$

4.6.3　F-数列的划分与 Catalan 恒等式

由上面的讨论可知,对于任意正整数 k,F-数列可以划分为 k 个子数列 $F_{k,i} = \{f_{nk+i} : n \geqslant 0\}$ $(i = 0, 1, 2, \cdots, k-1)$ 的并,每个子数列的下标都是公差为 k 的等差数列. 这 k 个数列满足同样的递归

方程,仅初始条件不同.

$$
\begin{array}{cccc}
f_0 & f_k & f_{2k} & f_{3k} & \cdots \\
f_1 & f_{k+1} & f_{2k+1} & f_{3k+1} & \cdots \\
f_2 & f_{k+2} & f_{2k+2} & f_{3k+2} & \cdots \\
& \cdots\cdots & & \\
f_{k-1} & f_{2k-1} & f_{3k-1} & f_{4k-1} & \cdots
\end{array}
$$

我们已经知道,若二阶递归数列由

$$x_{n+2} = ax_{n+1} + bx_n$$

给出,则对于任意的 $n \geqslant 1$,均有

$$M = x_{n+1}x_{n-1} - x_n^2 = (-b)^{n-1}(x_2 x_0 - x_1^2)$$

其中 x_0, x_1 为初始值,而 $x_2 = ax_1 + bx_0$ 与 a, b 有关. 特别地:

当 $b = -1$ 时,M 为与 $n \geqslant 1$ 无关的常数;

当 $b = 1$ 时,M 的绝对值为与 $n \geqslant 1$ 无关的常数,而当 n 变化时符号正负相间.

当 k 固定时,对于 F-数列的划分,每个子数列 $F_{k,i}$ 都是二阶递归数列,其递归方程的系数为

$$a = l_k, \quad b = (-1)^{k-1}$$

故其对应的 M 的值

$$M_{i,n} = f_{(n+1)k+i}f_{(n-1)k+i} - f_{nk+i}^2$$

的绝对值均与 $n \geqslant 1$ 无关;若 i 固定而 n 变化,则当 k 为偶数时,$M_{i,n}$ 均同号,当 k 为奇数时,$M_{i,n}$ 符号正负相间.

当 $i = 0, n = 1$ 时

$$M_{0,1} = f_{2k}f_0 - f_k^2 = -f_k^2$$

故当 k 为偶数时,$M_{0,n}$ 为负的常数 $-f_k^2$;当 k 为奇数时,$M_{0,n}$ 的绝对值为 f_k^2,符号从负号开始负正相间.

如果我们将 $M_{i,n}(0 \leqslant i \leqslant k-1, n \geqslant 1)$ 排成阵列:

$$
\begin{array}{lllll}
M_{0,1} & M_{0,2} & M_{0,3} & M_{0,4} & \cdots \\
M_{1,1} & M_{1,2} & M_{1,3} & M_{1,4} & \cdots \\
M_{2,1} & M_{2,2} & M_{2,3} & M_{2,4} & \cdots \\
\multicolumn{5}{c}{\cdots\cdots} \\
M_{k-1,1} & M_{k-1,2} & M_{k-1,3} & M_{k-1,4} & \cdots
\end{array}
$$

当 $n=1$ 时,考察第一列上下相邻的两个数的关系,则由公式

$$
f_{2n+1} = f_n^2 + f_{n+1}^2
$$

$$
f_{m+n} = f_m f_{n+1} + f_{m-1} f_n
$$

可得

$$
f_{k+i}^2 + f_{k+i-1}^2 = f_{2k+2i-1} = f_{(2k+i)+(i-1)} = f_{2k+i} f_i + f_{2k+i-1} f_{i-1}
$$

移项得

$$
f_{2k+i} f_i - f_{k+i}^2 = -(f_{2k+i-1} f_{i-1} - f_{k+i-1}^2)
$$

即 $M_{i,1} = -M_{i-1,1}$,故上下相邻的两数为互反数,它们的绝对值相等.由此可知,所排的阵列中,每个元素的绝对值都是 f_k^2,而其符号如表 4.1 所示.

表 4.1

	k 为偶数	k 为奇数
$i=0$	$-\ -\ -\ -\ -\cdots\cdots$	$-\ +\ -\ +\ -\ +\cdots\cdots$
$i=1$	$+\ +\ +\ +\ +\cdots\cdots$	$+\ -\ +\ -\ +\ -\cdots\cdots$
$i=2$	$-\ -\ -\ -\ -\cdots\cdots$	$-\ +\ -\ +\ -\ +\cdots\cdots$
$i=3$	$+\ +\ +\ +\ +\cdots\cdots$	$+\ -\ +\ -\ +\ -\cdots\cdots$
$\cdots\cdots$	$\cdots\cdots$	$\cdots\cdots$
$i=k-2$	$-\ -\ -\ -\ -\cdots\cdots$	$+\ -\ +\ -\ +\ -\cdots\cdots$
$i=k-1$	$+\ +\ +\ +\ +\cdots\cdots$	$-\ +\ -\ +\ -\ +\cdots\cdots$

注意表 4.1 的第一列,不论 k 为奇数还是偶数,第 i 行、第一列的元素与$(-1)^i$ 同号.

现考察第 i 行第 j 列处的元素的符号:

(1)当 k 为偶数时,同行的元素同号,故这个元素与$(-1)^i$ 同号.

(2)当 k 为奇数时,有

若 i 为奇数,j 为奇数,则此数为负;

若 i 为奇数,j 为偶数,则此数为正;

若 i 为偶数,j 为奇数,则此数为正;

若 i 为偶数,j 为偶数,则此数为负.

即 $i+j$ 为奇数时为正,$i+j$ 为偶数时为负,故与$(-1)^{i+j-1}$ 同号.

联想到 Catalan 恒等式.这个恒等式的左边是 $f_{n-k}f_{n+k}-f_n^2$. 如果 $n=mk+j(0\leqslant j\leqslant k-1)$,则它就是 $M_{j,m}$,故其绝对值为 f_k^2; 它恰排在阵列的第 $j+1$ 行、第 m 列,故当 k 为偶数时,其符号与 $(-1)^{j+1}$ 相同;当 k 为奇数时,其符号与 $(-1)^{j+1+m-1}=(-1)^{j+m}$ 相同.当 k 为偶数时

$$(j+1)+(n+k-1)=j+1+mk+j+k-1$$
$$=(m+1)k+2j$$

为偶数,故 $j+1$ 与 $n+k-1$ 同奇偶性;当 k 为奇数时

$$(j+m)+(n+k-1)=j+m+mk+j+k-1$$
$$=(k+1)m+2j+(k-1)$$

也为偶数,故 $j+m$ 与 $m+k-1$ 同奇偶性.

综上所述,可知 $M_{j,m}$ 的符号恒与$(-1)^{n+k-1}$ 相同,所以我们证得

$$f_{n-k}f_{n+k}-f_n^2=(-1)^{n+k-1}f_k^2$$

即重新得到了我们熟悉的 Catalan 恒等式.

4.7　k 方 F-数列的特征方程

　　由 F-数列各项的 k 次方组成的数列 $\{f_n^k : n \geqslant 1\}$ 称为 k 方 F-数列. 我们将对任意正整数 k,建立 k 方 F-数列的递推公式. 所依据的方法基于前面讨论过的关于递归数列的通项公式、特征方程及递归方程三者之间的关系. 本节从通项公式入手,讨论 k 方 F-数列的特征方程,建立特征方程的递归表示.

4.7.1　k 方 F-数列的通项公式

　　由 Binet 公式

$$f_n = a\alpha^n + b\beta^n \tag{1}$$

其中

$$\alpha + \beta = 1, \quad \alpha\beta = -1 \tag{2}$$

知 $\{f_n^k : n \geqslant 1\}$ 的通项公式为

$$
\begin{aligned}
f_n^k &= (a\alpha^n + b\beta^n)^k \\
&= a^k \alpha^{kn} + C_k^1 a^{k-1} b (\alpha^{k-1}\beta)^n + C_k^2 a^{k-2} b^2 (\alpha^{k-2}\beta^2)^n \\
&\quad + C_k^3 a^{k-3} b^3 (\alpha^{k-3}\beta^3)^n + \cdots \\
&= a^k (\alpha^k)^n + C_k^1 a^{k-1} b (-\alpha^{k-2})^n + C_k^2 a^{k-2} b^2 (\alpha^{k-4})^n \\
&\quad + C_k^3 a^{k-3} b^3 (-\alpha^{k-6})^n + \cdots \tag{3}
\end{aligned}
$$

考察式(3)的右边各项的组成规律,其中各 n 次幂的底数依次为

$$
\begin{aligned}
&\alpha^k, \quad -\alpha^{k-2}, \quad \alpha^{k-4}, \quad -\alpha^{k-6}, \quad \cdots, \\
&-\beta^{k-6}, \quad \beta^{k-4}, \quad -\beta^{k-2}, \quad \beta^k \tag{4}
\end{aligned}
$$

并且:

（1）α 和 β 的最高次幂均为 k；

（2）α 和 β 的同次幂均同号；

（3）α 的各次幂正负相间,幂指数依次相差为 2,β 亦然.

例如,$k = 10$ 时,通项式所含各 n 次幂的底数依次为

$$\alpha^{10}, \quad -\alpha^8, \quad \alpha^6, \quad -\alpha^4, \quad \alpha^2,$$
$$-1, \quad \beta^2, \quad -\beta^4, \quad \beta^6, \quad -\beta^8, \quad \beta^{10} \tag{5}$$

4.7.2　k 方 F-数列的特征方程

由于通项式所含各 n 次幂的底数就是数列的全部特征根,故我们已求得 k 方 F-数列的特征根为式（4）中的各数. 于是 k 方 F-数列的特征方程为

$$G_k(x) = (x - \alpha^k)(x + \alpha^{k-2})\cdots(x + \beta^{k-2})(x - \beta^k)$$
$$= (x - \alpha^k)(x - \beta^k)(x + \alpha^{k-2})(x + \beta^{k-2})\cdots = 0 \tag{6}$$

例如

$$G_{10}(x) = (x - \alpha^{10})(x - \beta^{10})(x + \alpha^8)(x + \beta^8) \cdot \cdots$$
$$\cdot (x - \alpha^2)(x - \beta^2)(x + 1) = 0 \tag{7}$$
$$G_{11}(x) = (x - \alpha^{11})(x - \beta^{11})(x + \alpha^9)(x + \beta^9) \cdot \cdots$$
$$\cdot (x + \alpha)(x + \beta) = 0 \tag{8}$$

我们看出,当 k 为奇数时,$G_k(x)$ 仅含 α,β 的奇次幂;当 k 为偶数时,$G_k(x)$ 仅含 α,β 的偶次幂. 并且幂 α^j 或 β^j 在 $G_k(x)$ 和 $G_{k\pm2}(x)$ 中有相反的符号.

4.7.3　共轭多项式

为了给出 k 方 F-数列的特征方程的递推表示,我们定义共轭多项式的概念.

设任给多项式

$$F(x) = (x - x_1)(x - x_2)\cdots(x - x_n) \tag{9}$$

称多项式

$$\overline{F}(x) = (x + x_1)(x + x_2)\cdots(x + x_n) \tag{10}$$

为 $F(x)$ 的共轭多项式.

显然,一个多项式与其共轭多项式的展开式的各项系数的绝对值都相同,但处在偶数位上的项的系数的符号相反;并且有

$$\overline{\overline{F}}(x) = F(x) \tag{11}$$

4.7.4　k 方 F-数列的特征方程的递推关系

我们已经知道 k 方 F-数列的特征方程的一般形式. 由于 k 为自然数,我们探求对于不同的 k,k 方 F-数列的特征方程之间的相互关系,发现它们可以递归地表示. 这就是下面的定理.

定理　设 k 方 F-数列的特征方程为 $G_k(x) = 0$,则有下面的递归表示:

$$G_1(x) = x^2 - x - 1$$

$$G_2(x) = x^3 - 2x^2 - 2x + 1$$

$$G_{k+2}(x) = \overline{G}_k(x)(x^2 - l_{k+2}x + (-1)^k)$$

其中 l_k 为 Lucas 数.

证明　首先,直接计算可得

$$G_1(x) = (x - \alpha)(x - \beta) = x^2 - x - 1 \tag{12}$$

$$G_2(x) = (x - \alpha^2)(x - \beta^2)(x + 1) = x^3 - 2x^2 - 2x + 1 \tag{13}$$

这两个式子前面我们已经得到.

其次,由式(6)有

$$G_k(x) = (x - \alpha^k)(x + \alpha^{k-2})\cdots(x + \beta^{k-2})(x - \beta^k)$$

$$= (x - \alpha^k)(x - \beta^k)(x + \alpha^{k-2})(x + \beta^{k-2})\cdots = 0 \quad (14)$$

故知

$$G_{k+2}(x) = (x - \alpha^{k+2})(x - \beta^{k+2})(x + \alpha^k)(x + \beta^k)$$

$$\cdot (x - \alpha^{k-2})(x - \beta^{k-2})\cdots$$

$$= (x - \alpha^{k+2})(x - \beta^{k+2})\bar{G}_k(x)$$

$$= \bar{G}_k(x)(x^2 - l_{k+2}x + (-1)^k) \quad (15)$$

其中

$$l_k = \alpha^k + \beta^k \quad (16)$$

为 Lucas 数.

由式(15)又有

$$G_{k+4}(x) = \bar{G}_{k+2}(x)(x^2 - l_{k+4}x + (-1)^k)$$

$$= G_k(x)(x^2 + l_{k+2}x + (-1)^k)(x^2 - l_{k+4}x + (-1)^k)$$

$$(17)$$

根据式(12)、式(13)及式(15),利用计算机,可递推地计算所有的 $G_k(x)$ 的展开式,其中 $G_1(x) \sim G_{12}(x)$ 的展开式的系数如下所示:

$k = 1,$　1　-1　-1;

$k = 2,$　1　-2　-2　1;

$k = 3,$　1　-3　-6　3　1;

$k = 4,$　1　-5　-15　15　5　-1;

$k = 5,$　1　-8　-40　60　40　-8　-1;

$k = 6,$　1　-13　-104　260　260　-104　-13　1;

$k = 7,$　1　-21　-273　$1\,092$　$1\,820$　$-1\,092$　-273

　　　　21　1;

$k=8$,　1　-34　-714　4 641　12 376　$-12\,376$
　　　$-4\,641$　714　34　-1；

$k=9$,　1　-55　$-1\,870$　19 635　85 085　$-136\,136$
　　　$-85\,085$　19 635　1 870　-55　-1；

$k=10$,　1　-89　$-4\,895$　83 215　582 505　$-1\,514\,513$
　　　$-1\,514\,513$　582 505　83 215　$-4\,895$　-89　1；

$k=11$,　1　-144　$-12\,816$　352 440　3 994 320
　　　$-16\,776\,144$　$-27\,261\,234$　16 776 144
　　　3 994 321　352 440　$-12\,816$　144　1；

$k=12$,　1　-233　$-33\,552$　1 493 064　27 372 840
　　　$-186\,135\,312$　$-488\,605\,194$　488 605 194
　　　186 135 312　$-27\,372\,840$　$-1\,493\,064$　33 552
　　　233　-1.

$$(18)$$

从上面可以看出，$G_k(x)$ 是 $k+1$ 次多项式：

(1) 每式中最高项的系数为 1，次高项（第 2 项）的系数为负，末项为 ± 1；

(2) 从 $G_2(x)$ 开始，各式的系数从第 2 项起两负两正交替出现，而各共轭多项式的系数则从第 1 项起两正两负交替出现；

(3) 各式的次高项（第 2 项）系数的绝对值依次为 $1,2,3,5,\cdots$，即为相继的 Fibonacci 数 f_{k+1}.

(4) 各式的第 3 项系数的绝对值依次为 $1,2,6,15,\cdots$，即依次为相邻的两个 Fibonacci 之积 $f_{k+1}f_k$.

由此即有

$$G_k(x) = x^{k+1} - f_{k+1}x^k - f_{k+1}f_k x^{k-1} + \cdots \pm 1 \qquad (19)$$

此处的(1)、(2)由各特征根的符号变化规律(见式(4))可得；(3)、(4)可证明如下：

首先，(3)、(4)对 $G_1(x)$，$G_2(x)$正确.

设

$$G_k(x) = x^{k+1} - f_{k+1}x^k - f_k f_{k+1}x^{k-1} + \cdots \tag{20}$$

则

$$\begin{aligned}
G_{k+2}(x) &= \bar{G}_k(x)(x^2 - (f_{k+1} + f_{k+3})x + (-1)^k) \\
&= (x^{k+1} + f_{k+1}x^k - f_k f_{k+1}x^{k-1} - \cdots) \\
&\quad \cdot (x^2 - (f_{k+1} + f_{k+3})x + (-1)^k) \tag{21}
\end{aligned}$$

展开 $G_{k+2}(x)$，其中 x^{k+2} 的系数为

$$f_{k+1} - (f_{k+1} + f_{k+3}) = -f_{k+3} \tag{22}$$

又利用恒等式

$$f_k f_{k+3} - f_{k+1} f_{k+2} = (-1)^{k-1} \tag{23}$$

可知 x^{k+1} 的系数为

$$\begin{aligned}
&(-1)^k - f_{k+1}(f_{k+1} + f_{k+3}) - f_{k+1}f_k \\
&= -((-1)^{k+1} + f_{k+1}(f_k + f_{k+1} + f_{k+3})) \tag{24} \\
&= -((-1)^{k+1} + f_{k+1}f_{k+4}) = -f_{k+3}f_{k+2}
\end{aligned}$$

故(3)、(4)对 $G_{k+2}(x)$正确.由数学归纳法原理，(3)、(4)均得证.

4.8　k 方 F-数列的递归方程

本节通过将特征方程展开为明显的表达式，建立 k 方 F-数列的递归方程.

4.8.1　几个恒等式

我们先建立下面的恒等式，以备引用.

1. 对于任意的奇数 n，下列恒等式成立：
$$3f_{2n+1} - (f_{n-1} + f_{n+1})(f_{n-1} + f_{k+3}) = 3 \tag{1}$$

2. 对于任意的偶数 n，下列恒等式成立：
$$3f_{2n-1} - (f_n + f_{n+2})(f_{n-4} + f_n) = 6 \tag{2}$$

在证明中要用到几个简单的事实：

(1)
$$f_{n-2} + f_{n+2} = 3f_n \tag{3}$$

证明　由奇阶及偶阶 F-数列的递推式立得.

(2) 当 n 为偶数时
$$f_{n-1}f_{n+1} - f_{n-2}f_{n+2} = 2 \tag{4}$$

证明
$$f_{n-1}f_{n+1} - f_{n-2}f_{n+2} = f_{n+1}(f_{n-2} + f_{n-3}) - f_{n-2}(f_{n+1} + f_n)$$
$$= f_{n+1}f_{n-3} - f_{n-2}f_n$$
$$= (f_{n-1} + f_n)f_{n-3} - (f_{n-3} + f_{n-4})f_n$$
$$= f_{n-1}f_{n-3} - f_{n-4}f_n = \cdots$$
$$= 2 \times 5 - 1 \times 8 = 2$$

证明　1. 由式(3)及 Cassini 恒等式 1，注意 n 为奇数，故有
$$3f_{2n+1} - (f_{n-1} + f_{n+1})(f_{n-1} + f_{n+3})$$
$$= 3(f_n^2 + f_{n+1}^2 - (f_{n-1} + f_{n+1})f_{n+1})$$
$$= 3(f_n^2 - f_{n-1}f_{n+1}) = 3 \times 1 = 3$$

2. 由式(3)及式(4)得
$$3f_{2n-1} - (f_n + f_{n+2})(f_n + f_{n-4}) = 3(f_n^2 + f_{n-1}^2 - (f_n + f_{n+2})f_{n-2})$$
$$= 3(f_{n-1}^2 + f_n(f_n - f_{n-2}) - f_{n-2}f_{n+2})$$
$$= 3(f_{n-1}^2 + f_n f_{n-1} - f_{n-2}f_{n+2})$$
$$= 3(f_{n-1}(f_n + f_{n-1}) - f_{n-2}f_{n+2})$$

$$= 3(f_{n-1}f_{n+1} - f_{n-2}f_{n+2})$$
$$= 3 \times 2 = 6$$

利用上面的两个恒等式可以证明下面我们将要用到的恒等式.

3. 当 $j < k$, j 为 4 的倍数, k 为奇数时, 以下恒等式成立:

$$f_{j+1}f_{j+2} + (f_{k+1} + f_{k+3})f_{k-j+1}f_{j+2} + f_{k-j}f_{k-j+1} = f_{k+3}f_{k+2} \quad (5)$$

证明 当 $j = 0$ 时, 上式成为

$$f_1 f_2 + (f_{k+1} + f_{k+3})f_{k+1}f_2 + f_{k+1}f_k = f_{k+2}f_{k+3}$$

即

$$1 + (f_{k+1} + f_{k+3})f_{k+1} + f_{k+1}f_k = f_{k+2}f_{k+3}$$

但 k 为奇数, 故

$$左边 = 1 + (f_k + f_{k+1} + f_{k+3})f_{k+1} = 1 + f_{k+1}f_{k+4} = f_{k+2}f_{k+3}$$

即式(5)对 $j = 0$ 成立.

由于上式的右边与 j 无关, 故只需证明当左边的 j 换成 $j - 4$ 时值不变, 即证明

$$(f_{j-3}f_{j-2} + (f_{k+1}f_{k+3})f_{k-j+5}f_{j-2} + f_{k-j+5}f_{k-j+4})$$
$$- (f_{j+1}f_{j+2} + (f_{k+1}f_{k+3})f_{k-j+1}f_{j+2} + f_{k-j+1}f_{k-j}) = 0 \quad (6)$$

由相邻两项乘积组成的数列的递归式

$$f_{n+3}f_{n+2} = 3f_{n+2}f_{n+1} - 3f_nf_{n-1} + f_{n-1}f_{n-2}$$

即

$$f_{n+3}f_{n+2} - f_{n-1}f_{n-2} = 3(f_{n+2}f_{n+1} - f_nf_{n-1})$$

及公式

$$f_{n+2}f_{n+1} - f_nf_{n-1} = f_{2n+1}$$

可得

$$f_{j+2}f_{j+1} - f_{j-2}f_{j-3} = 3(f_{j+1}f_j - f_{j-1}f_{j-2}) = 3f_{2j-1} \quad (7)$$

$$f_{k-j+5}f_{k-j+4} - f_{k-j+1}f_{k-j} = 3(f_{k-j+4}f_{k-j+3} - f_{k-j+2}f_{k-j+1})$$
$$= 3f_{2k-2j+5} \tag{8}$$

又由

$$f_{n+4} = 7f_n - f_{n-4}$$

可知

$$f_{k-j+5}f_{j-2} - f_{k-j+1}f_{j+2} = (7f_{k-j+1} - f_{k-j-3})f_{j-2} - f_{k-j+1}(7f_{j-2} - f_{j-6})$$
$$= f_{k-j+1}f_{j-6} - f_{k-j-3}f_{j-2}$$

这个式子说明,将每项的第一个因数下标中的 j 都增加 4,第二个因数下标中的 j 都减少 4,式子的值不变.由于 j 是 4 的倍数,故当第二个因数下标中的 j 变为 0 时,第一个因数下标中的 j 变为 $2j$,故此式可写成

$$f_{k-2j+5}f_{-2} - f_{k-2j+1}f_2 = -f_{k-2j+5} - f_{k-2j+1} = -3f_{k-2j+3}$$

因而有

$$f_{k-j+5}f_{j-2} - f_{k-j+1}f_{j+2} = -3f_{k-2j+3} \tag{9}$$

将式(7)~式(9)代入式(6)的左边,得

$$3((f_{2k-2j+5} - f_{2j-1}) - (f_{k+1} + f_{k+3})f_{k-2j+3}) \tag{10}$$

只要证明外层括号内的式子为 0.

当 $j=0$ 或 $j=4$ 时式(10)成为

$$(f_{2k+5} - f_{-1}) - (f_{k+1} + f_{k+3})f_{k+3} = 0 \tag{11}$$
$$(f_{2k-3} - f_7) - (f_{k+1} + f_{k+3})f_{k-5} = 0 \tag{12}$$

注意 $f_{-1}=1, f_7=13$,利用 Catalan 恒等式可知,对式(11)有

$$左边 = (f_{k+2}^2 + f_{k+3}^2 - 1) - f_{k+1}f_{k+3} - f_{k+3}^2$$
$$= f_{k+2}^2 - f_{k+1}f_{k+3} - 1 = 0$$

对式(12)有(注意 k 为奇数)

$$左边 = (f_{k-1}^2 + f_{k-3}^2 - 13) - f_{k+1}f_{k-5} - f_{k-5}f_{k+3}$$

$$= f_{k-1}^2 + f_{k-2}^2 - 13 - f_{k-2}^2 - (-1)^k f_3^2 - f_{k-1}^2 - (-1)^{k+2} f_4^2$$

$$= f_{k-1}^2 + f_{k-2}^2 - 13 - f_{k-2}^2 - f_{k-1}^2 + 4 + 9 = 0$$

故式(10)的值为 0.

设式(10)当 $j-4$ 及 j 时的值已为 0,即有

$$(f_{2k-2j+5} - f_{2j-1}) - (f_{k+1} + f_{k+3}) f_{k-2j+3} = 0 \qquad (13)$$

$$(f_{2k-2j+13} - f_{2j-9}) - (f_{k+1} + f_{k+3}) f_{k-2j+11} = 0 \qquad (14)$$

利用递归式 $f_{n+8} = l_8 f_n - f_{n-8}$($l_8 = 47$ 为 Lucas 数),由式(13)×
47 - 式(14)得

$$(f_{2k-2j-3} - f_{2j+7}) - (f_{k+1} + f_{k+3}) f_{k-2j-5} = 0 \qquad (15)$$

故对于 $j+4$,式(10)的值也为 0.由数学归纳法,式(10)的值恒为
0,即式(5)的左边的值与 j 无关;但已验证式(5)对 $j=0$ 成立,故式
(5)恒成立.

4.8.2　k 方 F-数列的递归方程

我们已经建立 k 方 F-数列的特征方程的递归表示,从 F-数列
及平方 F-数列的特征方程出发,用递归的方法,对任意的 k,可以
求得 k 方 F-数列的特征方程.而递归方程由特征方程唯一地决定,
实际上我们已经可以得到 k 方 F-数列的递归方程.但这里所用的
是递归方法,并不能对给定的 k 直接写出 k 方 F-数列的递归表达
式.我们自然希望得到具体的表达式,为此,关键在于给出特征方
程中各项系数的明显表示.我们有下面的定理.

定理　k 方 F-数列 $\{f_n^k : n \geqslant 1\}$ 的特征方程为

$$G_k(x) = x^{k+1} - \frac{f_{k+1}}{f_1} x^k - \frac{f_{k+1} f_k}{f_1 f_2} x^{k-1} + \frac{f_{k+1} f_k f_{k-1}}{f_1 f_2 f_3} x^{k-2}$$

$$+ \frac{f_{k+1} f_k f_{k-1} f_{k-2}}{f_1 f_2 f_3 f_4} x^{k-3} + \cdots$$

或写为

$$G_k(x) = x^{k+1} + \sum_{j=1}^{k} (-1)^{\lceil j/2 \rceil} \frac{f_{k+1} f_k \cdots f_{k+2-j}}{f_1 f_2 \cdots f_j} x^{k+1-j} \qquad (16)$$

其中记号「x」表示上取整：当 $k-1 < x \leqslant k$ 时，$\lceil x \rceil = k$．

证明　记 a_j 为 x^{k+1-j} 的系数的绝对值：

$$a_j = \frac{f_{k+1} f_k \cdots f_{k+2-j}}{f_1 f_2 \cdots f_j}$$

则前面已证

$$a_1 = f_{k+1} = \frac{f_{k+1}}{f_1}, \quad a_2 = f_{k+1} f_k = \frac{f_{k+1} f_k}{f_1 f_2}$$

以此两式作为数学归纳法的归纳基础．易知：

$G_k(x)$ 的各项系数的符号规律为

$$+ \quad - \quad - \quad + \quad + \quad - \quad - \quad + \quad + \quad - \quad \cdots \quad \cdots$$

$\overline{G}_k(x)$ 的各项系数的符号规律为

$$+ \quad + \quad - \quad - \quad + \quad + \quad - \quad - \quad \cdots \quad \cdots$$

$\overline{G}_k(x)$ 相邻三项系数的符号有下面的四种情形：

$$(+ \quad + \quad -) \quad (+ \quad - \quad -) \quad (- \quad - \quad +) \quad (- \quad + \quad +)$$

为得到 $G_{k+2}(x)$，应由 $\overline{G}_k(x)$ 乘以因子 $x^2 - l_{k+2} x + (-1)^k$，这个因子的符号可为

$$(+ \quad - \quad +) \quad 或 \quad (+ \quad - \quad -)$$

为确定起见，我们不妨设 j 为 4 的倍数而 k 为奇数．易知，$\overline{G}_k(x)$ 含 x^{k+1-j}，x^{k-j}，x^{k-1-j} 的相邻三项的系数为 $+a_j$，$+a_{j+1}$，$-a_{j+2}$；所乘因式为 $x^2 - l_{k+2} x - 1$．这时，$G_{k+2}(x)$ 中含 $x^{k+1-j} = x^{(k+2)+1-(j+2)}$ 的项系数为 $-(a_j + l_{k+2} a_{j+1} + a_{j+2})$．为证明定理成立，只需证明

$$a_j + l_{k+2}a_{j+1} + a_{j+2} = \frac{f_{k+3}f_{k+2}\cdots f_{k+2-j}}{f_1 f_2 \cdots f_{j+2}}$$

利用归纳假设,即要证明

$$\frac{f_{k+1}f_k\cdots f_{k+2-j}}{f_1 f_2 \cdots f_j} + l_{k+2}\frac{f_{k+1}f_k\cdots f_{k+1-j}}{f_1 f_2 \cdots f_{j+1}} + \frac{f_{k+1}f_k\cdots f_{k-j}}{f_1 f_2 \cdots f_{j+2}}$$

$$= \frac{f_{k+3}f_{k+2}\cdots f_{k+2-j}}{f_1 f_2 \cdots f_{j+2}}$$

两边约去 $\dfrac{f_{k+1}f_k\cdots f_{k+2-j}}{f_1 f_2 \cdots f_{j+2}}$,得

$$f_{j+1}f_{j+2} + (f_{k+1} + f_{k+3})f_{k-j+1}f_{j+2} + f_{k-j}f_{k-j+1} = f_{k+3}f_{k+2}$$

此即前面已证明的恒等式.其他情形仿此证明.

由数学归纳法,定理得证.

由定理可得到 k 方 F-数列的递归方程为

$$f_{n+k+1}^k = \sum_{j=1}^{k}(-1)^{\lceil j/2\rceil+1}\frac{f_{k+1}f_k\cdots f_{k+2-j}}{f_1 f_2 \cdots f_j}f_{n+k+1-j}^k \tag{17}$$

第 5 章　Fibonacci 数列与数论

F-数列是整数列,因而与数论关系密切.本章讨论 F-数列的数论性质.

5.1　F-数列中的整除性质

5.1.1　整除性

定理 1　若 $m \mid n$,则 $f_m \mid f_n$.

证明　即要证明对任意 k,$f_m \mid f_{km}$.

当 $k = 0,1$ 时,显然有 $f_m \mid f_0$,$f_m \mid f_m$;

若已有 $f_m \mid f_{km}$,$f_m \mid f_{(k+1)m}$,则由 F-数列的子数列的递归式

$$f_{(k+2)m} = l_m f_{(k+1)m} + (-1)^{m-1} f_{km}$$

可知 $f_m \mid f_{(k+2)m}$.由数学归纳法原理,定理得证.

在定理中取 $m = 3,4,5,6,\cdots$,由 $f_3 = 2$,$f_4 = 3$,$f_5 = 5$,$f_6 = 8$,$\cdots$,可得以下推论.

推论　$2 \mid f_{3k}$,$3 \mid f_{4k}$,$5 \mid f_{5k}$,$8 \mid f_{6k}$,$\cdots$.

用记号 (m,n) 表示正整数 m,n 的最大公约数,我们有下面的定理.

定理 2(Lucas 定理)　$(f_m, f_n) = f_{(m,n)}$.

证明　由 $(m,n) \mid m$,$(m,n) \mid n$,可知 $f_{(m,n)} \mid f_m$,$f_{(m,n)} \mid f_n$,

故 $f_{(m,n)}$ 是 f_m, f_n 的公约数,因而 $f_{(m,n)} \mid (f_m, f_n)$;

另一方面,作辗转相除法求 (m,n),我们有

$$m = qn + r$$
$$n = q_1 r + r_1$$
$$r = q_2 r_1 + r_2$$
$$r_1 = q_3 r_2 + r_3$$
$$\cdots\cdots$$
$$r_{t-1} = q_{t+1} r_t$$
$$r_t = (m, n)$$

由公式 $f_{m+n} = f_{m-1} f_n + f_m f_{n+1}$,注意 $f_n \mid f_{qn}$,$(f_{qn-1}, f_{qn}) = 1$ 及最大公约数的性质

$$(kb + a, b) = (a, b)$$

以及当 $(c, b) = 1$ 时

$$(ca, b) = (a, b)$$

可得

$$(f_m, f_n) = (f_{qn+r}, f_n) = (f_{qn-1} f_r + f_{qn} f_{r+1}, f_n)$$
$$= (f_{qn-1} f_r, f_n) = (f_r, f_n)$$

重复这一过程,且注意到 $a \mid b$ 时 $(a, b) = a$ 及 $r_t \mid r_{t-1}$,可得

$$(f_m, f_n) = (f_r, f_n) = (f_r, f_{r_1}) = \cdots = (f_{r_{t-1}}, f_{r_t})$$
$$= f_{r_t} = f_{(m,n)}$$

利用 Lucas 定理可证明定理 1 的逆命题也成立,即有以下定理.

定理 3　$m \mid n$,当且仅当 $f_m \mid f_n$.

证明　必要性即定理 1,只需证明充分性.

若 $f_m \mid f_n$,则 $(f_m, f_n) = f_m$;另一方面,由 Lucas 定理,

$(f_m, f_n) = f_{(m,n)}$，故 $f_m = f_{(m,n)}$，而 $m = (m, n)$，由此得 $m \mid n$.

定理 3 将 Fibonacci 数的倍数关系归结为其下标之间的倍数关系，初看起来令人惊讶，但若注意到 Binet 公式，从代数的观点看，定理 3 的结论就是：

"$\alpha^m - \beta^m$ 整除 $\alpha^n - \beta^n$，当且仅当 m 整除 n"

这是不难理解的.

由定理 3 可知，在 F-数列中，f_m 的倍数恰好组成子数列 $\{f_{km} : k \geq 0\}$，这个数列由递归方程

$$f_{(k+2)m} = l_m f_{(k+1)m} + (-1)^{m-1} f_{km}$$

给出.

5.1.2 商数数列

记 $q_k = \dfrac{f_{km}}{f_m}$，则 $\{q_k : k \geq 0\}$ 是以 f_m 除 $\{f_{km} : k \geq 0\}$ 各项的商组成的数列. 这是一个由自然数组成的数列，我们来讨论这个数列.

首先，根据 $\{f_{km} : k \geq 0\}$ 的递归方程，可得 $\{q_k : k \geq 0\}$ 的递归方程为

$$\begin{cases} q_{k+2} = l_m q_{k+1} + (-1)^m q_k \\ q_0 = 0, q_1 = 1 \end{cases}$$

这是商数数列的递归表示.

其次，记 $p_k = \dfrac{f_{km}}{f_{(k-1)m}}$ $(k \geq 2)$，以 f_{km} 除数列 $\{f_{km} : k \geq 0\}$ 的递归式，得

$$\frac{f_{(k+2)m}}{f_{(k+1)m}} \cdot \frac{f_{(k+1)m}}{f_{km}} = l_m \frac{f_{(k+1)m}}{f_{km}} + (-1)^m$$

即

$$p_{k+2}p_{k+1} = l_m p_{k+1} - (-1)^m, \quad k \geqslant 2$$

以 p_{k+1} 除两边,可知,数列 $\{p_k : k \geqslant 2\}$ 由递归方程

$$\begin{cases} p_{k+2} = l_m - (-1)^m \dfrac{1}{p_{k+1}}, \quad k \geqslant 2 \\ p_2 = \dfrac{f_{2m}}{f_m} = l_m \end{cases}$$

给出. 而

$$q_k = \frac{f_{km}}{f_m} = \frac{f_{km}}{f_{(k-1)m}} \cdot \frac{f_{(k-1)n}}{f_{(k-2)m}} \cdot \cdots \cdot \frac{f_{2m}}{f_m} = p_{k-1}p_{k-2}\cdots p_2$$

这是商数数列的另一种形式的递归表示.

　　进而,用代数方法,借助 Lucas 数列,可得

$$\alpha^{km} - \beta^{km} = (\alpha^m - \beta^m)(\alpha^{(k-1)m} + \alpha^{(k-2)m}\beta^m + \cdots$$
$$+ \alpha^m \beta^{(k-2)m} + \beta^{(k-1)m})$$

故

$$\frac{f_{km}}{f_m} = (\alpha^{(k-1)m} + \beta^{(k-1)m}) + \alpha^m \beta^m (\alpha^{(k-3)m} + \beta^{(k-3)m})$$
$$+ \alpha^{2m}\beta^{2m}(\alpha^{(k-5)m} + \beta^{(k-5)m}) + \cdots$$

即

$$q_k = l_{(k-1)m} + (-1)^m l_{k-3} + (-1)^{2m} l_{k-5} + \cdots$$

这是商数数列的代数形式的通项表示.

　　最后,商数数列可以用 F-数列本身来表示. 设 α 是方程 $x^2 - x - 1 = 0$ 的根,则

$$\alpha^n = \alpha^{n-1} + \alpha^{n-2} = (\alpha^{n-2} + \alpha^{n-3}) + \alpha^{n-2} = 2\alpha^{n-2} + \alpha^{n-3}$$
$$= f_3 \alpha^{n-2} + f_2 \alpha^{n-3} = \cdots = f_n \alpha + f_{n-1}$$

同样有

$$\alpha^m = f_m\alpha + f_{m-1}$$

当 $n = km$ 时

$$\alpha^{km} = (f_m\alpha + f_{m-1})^k = \sum_{i=0}^{k} C_k^i f_m^{k-i}\alpha^{k-i}f_{m-1}^i$$

但

$$\alpha^{k-i} = f_{k-i}\alpha + f_{m-i-1}$$

代入上式得

$$\alpha^{km} = \Big(\sum_{i=0}^{k} C_k^i f_m^{k-i}f_{k-i}f_{m-1}^i\Big)\alpha + \sum_{i=0}^{k-1} C_k^i f_m^{k-i}f_{k-i-1}f_{m-1}^i$$

另一方面应有 $\alpha^{km} = f_{km}\alpha + f_{km-1}$,而 α 为无理数,故有

$$f_{km} = \sum_{i=0}^{k} C_k^i f_m^{k-i}f_{k-i}f_{m-1}^i$$

由此得到

$$q_k = \frac{f_{km}}{f_m} = \sum_{i=0}^{k-1} C_k^i f_m^{k-i-1}f_{k-i}f_{m-1}^i$$

这是商数数列借助于组合数及 Fibonacci 数的通项表示.

5.2 F-数列中的倍数

设 $m \geqslant 2$ 为任意正整数.若存在 f_n 是 m 的倍数:$m \mid f_n$,则对任意自然数 k,由 $f_n \mid f_{kn}$,可知 $m \mid f_{kn}$,即 f_{kn} 都是 m 的倍数,故在 F-数列中存在无穷多个 m 的倍数.那么,在 F-数列中是否存在 m 的倍数呢?我们来回答这个问题.

5.2.1 模 m 的 F-数列及其周期性

不妨设 $m > 1$.以 m 除 f_i 所得的余数记为 $f_i(m)$($0 \leqslant f_i(m)$

$<m$),则得模 m 的 F-数列 $F(m)=\{f_i(m)\}$.易知 $F(m)$ 可按模 m 的加法由递推方程

$$\begin{cases} f_{n+2}(m) = f_{n+1}(m) + f_n(m), & n \geqslant 1 \\ f_1(m) = f_2(m) = 1 \end{cases}$$

确定.

考察二元有序对的集合 $\{(f_n(m),f_{n+1}(m)):n\geqslant 1\}$,由于每个 $f_n(m)$ 只取 m 个不同的值,故这个集合中不同的二元有序对至多有 m^2 个,因而其中必有重复的元素.设 $(f_i(m),f_{i+1}(m))$ 与 $(f_j(m),f_{j+1}(m))$ 重复且下标 i 最小,则可知 i 必为1;若不然,则由

$$f_{i-1}(m) = f_{i+1}(m) - f_i(m) = f_{j+1}(m) - f_j(m) = f_{j-1}(m)$$

知 $(f_{i-1}(m),f_i(m))$ 与 $(f_{j-1}(m),f_j(m))$ 亦为重复的元素,但 $i-1<i$,与我们原来的取法矛盾.由递推方程可知,这时对任意的 n,均有

$$f_n(m) = f_{n+j-1}(m)$$

即 $F(m)$ 是以 $j-1$ 为周期的数列.

关于模 m 的 F-数列将在下节中进行详尽的讨论.

5.2.2　F-数列中的倍数

1. F-数列中的倍数

对于任意自然数 m,关于 F-数列中 m 的倍数的存在性有下面的定理.

定理 1　设 m 为任意自然数,则:

(1) 在 F-数列中存在无穷多个项,它们都是 m 的倍数;

(2) 存在自然数 $N(m)$,使 F-数列中任意连续 $N(m)$ 项之和

均为 m 的倍数.

证明 （1）我们已经证明 F-数列是以 $j-1$ 为周期的数列,由于

$$f_j(m) = f_1(m) = 1, \quad f_{j+1}(m) = f_2(m) = 1$$

故

$$f_{j-1}(m) = f_{j+1}(m) - f_j(m) = 0$$

由周期性,数列 $F(m)$ 中有无穷多项为 0,即 F-数列中有无穷多个 m 的倍数.

（2）取 $N(m)$ 为数列 $F(m)$ 的周期 t,由于 $f_{k+2+t}(m) = f_{k+2}(m)$,即 $f_{k+2+j} = f_{k+2} \pmod{m}$,故对任意的 $k \geqslant 0$,有

$$f_{k+1} + f_{k+2} + \cdots + f_{k+t} = (f_1 + \cdots + f_{k+t}) - (f_1 + \cdots + f_k)$$
$$= (f_{k+2+t} - 1) - (f_{k+2} - 1) = 0 \pmod{m}$$

即任意相邻 $N(m) = t$ 项的和均为 m 的倍数.

由定理的证明可以看出:

（1）在 F-数列的前 m^2 项中必有 m 的倍数;

（2）模 m 的 F-数列必为周期数列,而 F-数列中长度恰等于数列 $F(m)$ 的一个周期的相邻若干项的和必为 m 的倍数.

2. F-数列中 m 的倍数的刻画

上面我们证明了 F-数列中 m 的倍数的存在性,因而在 F-数列中有无穷多个 m 的倍数.我们应该给出 F-数列中 m 的所有倍数的刻画.首先引入下面的定义.

定义 对任意自然数 $m \geqslant 2$,令

$$d(m) = \min\{n \geqslant 1 : m \mid f_n\}$$

即 $d(m)$ 是 F-数列中 m 的倍数的最小下标.

由定理 1 立得 $d(m) \leqslant m^2$,且易知:

(1) $m \mid f_{d(m)}$；

(2) $d(f_n) = n$.

定理 2　$m \mid f_n$，当且仅当 $d(m) \mid n$.

证明　若 $d(m) \mid n$，则 $f_{d(m)} \mid f_n$；又 $m \mid f_{d(m)}$，故 $m \mid f_n$. 反之，若 $m \mid f_n$，因为 $m \mid f_{d(m)}$，故 $m \mid (f_n, f_{d(m)}) = f_{(n,d(m))}$. 由 $d(m)$ 的定义应有 $(n, d(m)) \geqslant d(m)$. 但 $(n, d(m)) \leqslant d(m)$，故 $(n, d(m)) = d(m)$，从而 $d(m) \mid n$.

推论　若 $m \mid n$，则 $d(m) \mid d(n)$.

证明　由 $m \mid n$ 及 $n \mid f_{d(n)}$，可知 $m \mid f_{d(n)}$，故由定理 2 得 $d(m) \mid d(n)$.

由定理 2 知，F-数列中 m 的倍数组成集合 $\{f_{kd(m)} : k \geqslant 0\}$，它是 F-数列的子数列，满足递归方程

$$f_{(k+2)d(m)} = l_{d(m)} f_{(k+1)d(m)} + (-1)^{d(m)} f_{kd(m)}$$

3. $d(m)$ 的性质

F-数列中 m 的全体倍数由 $d(m)$ 决定，所以应该讨论 $d(m)$ 的性质.

首先，由定理 2 可证明下面的定理.

定理 3　当 $(m_1, m_2) = 1$ 时，$d(m_1 m_2) = [d(m_1), d(m_2)]$（记号 $[a, b]$ 表示正整数 a, b 的最小公倍数）.

证明　设 $d = [d(m_1), d(m_1)]$，则 $d(m_1) \mid d, d(m_2) \mid d$. 由定理 2，可知 $m_1 \mid f_d, m_2 \mid f_d$，但 $(m_1, m_2) = 1$，故 $m_1 m_2 \mid f_d$，因而 $d(m_1 m_2) \mid d$.

反之，由 $m_1 \mid m_1 m_2, m_2 \mid m_1 m_2$ 及 $m_1 m_2 \mid f_{d(m_1 m_2)}$，得

$$m_1 \mid f_{d(m_1 m_2)}, \quad m_2 \mid f_{d(m_1 m_2)}$$

由定理 2 得

$$d(m_1) \mid d(m_1 m_2), \quad d(m_2) \mid d(m_1 m_2)$$

故

$$[d(m_1), d(m_2)] \mid d(m_1 m_2), \quad 即 \quad d \mid d(m_1 m_2)$$

综上所述,可知

$$d(m_1 m_2) = d = [d(m_1), d(m_2)]$$

推论　若 $m = p_1^{a_1} p_2^{a_2} \cdots p_s^{a_s}$ 为 m 的标准分解式,则

$$d(m) = [d(p_1^{a_1}), d(p_2^{a_2}), \cdots, d(p_s^{a_s})]$$

由此,要求 $d(m)$,归结为对素数 p 求 $d(p^a)$. 为了证明我们的结论,我们先证明需要用到的一个著名的恒等式——Waring(华林)公式.

4. Waring 公式

设一元二次方程 $x^2 - ax + b = 0$ 的两根为 u, v,则

$$u + v = a, \quad uv = b$$

这是关于 u, v 的两个二元基本对称多项式. 根据对称多项式的理论,任意二元对称多项式均可表示为关于 a, b 的多项式. 特别地,u, v 的任意 n 次方和均可表示为 $u + v$ 和 uv 的多项式,例如

$$u^2 + v^2 = (u + v)^2 - 2uv$$

$$u^3 + v^3 = (u + v)^3 - 3uv(u + v)$$

$$u^4 + v^4 = (u + v)^4 - 4uv(u + v)^2 + 2u^2 v^2$$

$$u^5 + v^5 = (u + v)^5 - 5uv(u + v)^3 + 5u^2 v^2(u + v)$$

$$\cdots\cdots$$

一般地,用 $u + v, uv$ 表示 $u^n + v^n$ 的恒等式就是 Waring 公式.

首先我们注意,u, v 的等幂和式 $\{u^n + v^n : n \geqslant 1\}$ 对于 n 有下面的递归关系:

$$u^{n+2} + v^{n+2} = (u^{n+1} + v^{n+1})(u + v) - uv(u^n + v^n)$$

由 $u + v$ 及 $u^2 + v^2$ 的表达式中的系数均为整数及此递归式,可知对于任意 n,Waring 公式中的各项系数均为整数.

其次,为了表示 Waring 公式,需要引入下面的记号:

$$\begin{bmatrix} n \\ i \end{bmatrix} = \frac{(n - i - 1)!\, n}{(n - 2i)!\, i!}, \quad i = 0, 1, 2, \cdots, \left[\frac{n}{2}\right]$$

易知当 $i = 0$ 时,$\begin{bmatrix} n \\ 0 \end{bmatrix} = 1$;当 $i = 1$ 时,$\begin{bmatrix} n \\ 1 \end{bmatrix} = n$.类似于组合数的杨辉恒等式,可以证明下面的恒等式成立:

$$\begin{bmatrix} n + 1 \\ i + 1 \end{bmatrix} + \begin{bmatrix} n \\ i \end{bmatrix} = \begin{bmatrix} n + 2 \\ i + 1 \end{bmatrix}$$

由后面证明的 Waring 公式,可知 $\begin{bmatrix} n \\ i \end{bmatrix}$ 都是整数.又当 n 为素数时,由于

$$\begin{bmatrix} n \\ i \end{bmatrix} = n \cdot \frac{(n - i - 1)!}{(n - 2i)!\, i!}, \quad 1 \leqslant i \leqslant \left[\frac{n}{2}\right]$$

但 $n - 2i < n$,$i < n$,故此式中的分母与 n 无公约数,因而 $\frac{(n - i - 1)!}{(n - 2i)!\, i!}$ 为整数,且 $n \,\|\, \begin{bmatrix} n \\ i \end{bmatrix}$(记号 $a \| b$ 表示 $a \mid b$ 但 $a^2 \nmid b$).

利用这些记号,Waring 公式可表示为

$$u^n + v^n = \sum_{i=0}^{\left[\frac{n}{2}\right]} (-1)^i \begin{bmatrix} n \\ i \end{bmatrix} (u + v)^{n-2i} (uv)^i$$

证明　当 $n = 1, n = 2$ 时前面已直接验证.

设 n 为奇数,且已证明

$$u^{n+1} + v^{n+1} = \sum_{i=0}^{\frac{n+1}{2}} (-1)^i \begin{bmatrix} n + 1 \\ i \end{bmatrix} (u + v)^{n-2i+1} (uv)^i$$

$$u^n + v^n = \sum_{i=0}^{\frac{n-1}{2}} (-1)^i \begin{bmatrix} n \\ i \end{bmatrix} (u+v)^{n-2i} (uv)^i$$

则由递归关系可得

$$u^{n+2} + v^{n+2} = \sum_{i=0}^{\frac{n+1}{2}} (-1)^i \begin{bmatrix} n+1 \\ i \end{bmatrix} (u+v)^{n-2i+2} (uv)^i$$

$$- \sum_{i=0}^{\frac{n-1}{2}} (-1)^i \begin{bmatrix} n \\ i \end{bmatrix} (u+v)^{n-2i} (uv)^{i+1}$$

$$= (u+v)^{n+2} + \sum_{i=1}^{\frac{n+1}{2}} (-1)^i \begin{bmatrix} n+1 \\ i \end{bmatrix} (u+v)^{n-2(i-1)} (uv)^i$$

$$- \sum_{i=0}^{\frac{n-1}{2}} (-1)^i \begin{bmatrix} n \\ i \end{bmatrix} (u+v)^{n-2i} (uv)^{i+1}$$

$$= (u+v)^{n+2} + \sum_{i=1}^{\frac{n-1}{2}} (-1)^{i+1} \left(\begin{bmatrix} n+1 \\ i+1 \end{bmatrix} + \begin{bmatrix} n \\ i \end{bmatrix} \right)$$

$$\cdot (u+v)^{n-2i} (uv)^{i+1}$$

$$= (u+v)^{n+2} + \sum_{i=1}^{\frac{n-1}{2}} (-1)^{i+1} \begin{bmatrix} n+2 \\ i+1 \end{bmatrix}$$

$$\cdot (u+v)^{(n+2)-2(i+1)} (uv)^{i+1}$$

$$= (u+v)^{n+2} + \sum_{i=1}^{\frac{n+1}{2}} (-1)^i \begin{bmatrix} n+2 \\ i \end{bmatrix}$$

$$\cdot (u+v)^{(n+2)-2i} (uv)^i$$

$$= \sum_{i=1}^{\left[\frac{n+2}{2}\right]} (-1)^i \begin{bmatrix} n+2 \\ i \end{bmatrix} (u+v)^{(n+2)-2i} (uv)^i$$

即 Waring 公式对 $n+2$ 成立；当 n 为偶数时有类似的证明，故由数学归纳法可知，Waring 公式对任意的 n 成立.

5. 关于 $d(p^\alpha)$ 的讨论

现在我们来讨论 $d(p^\alpha)$.

当 $p=2$ 时，有下面的定理.

定理 4

$$d(2^\alpha) = \begin{cases} 3, & \alpha = 1 \\ 6, & \alpha = 2 \\ 2^{\alpha-2} \times 3, & \alpha \geqslant 3 \end{cases}$$

证明　由 $f_3 = 2, f_6 = 8$，可验证 $d(2) = 3, d(2^2) = d(2^3) = 6$，故当 $\alpha = 1, 2, 3$ 时定理成立，且 $8 = 2^3 \parallel f_6 = f_{d(2^3)}$（记号 $\alpha^\lambda \parallel b$ 表示"α^λ 恰整除 b"，即 b 含因数 α^λ，但不含因数 $\alpha^{\lambda+1}$）.

为证明定理，我们只需证明：当 $\alpha \geqslant 3$ 时，若 $2^\alpha \parallel f_{d(2^\alpha)}$，则

$$d(2^{\alpha+1}) = 2d(2^\alpha)$$

若 $2^\alpha \parallel f_{d(2^\alpha)}$，则由

$$f_{2d(2^\alpha)} = (f_{d(2^\alpha)-1} + f_{d(2^\alpha)+1})f_{d(2^\alpha)} = (2f_{d(2^\alpha)-1} + f_{d(2^\alpha)})f_{d(2^\alpha)}$$

及

$$(f_{d(2^\alpha)-1}, f_{d(2^\alpha)}) = 1, \quad (2f_{d(2^\alpha)-1}, f_{d(2^\alpha)}) = 2$$

可知 $2^{\alpha+1} \parallel f_{2d(2^\alpha)}$，故

$$d(2^{\alpha+1}) \leqslant 2d(2^\alpha)$$

另一方面，由定理 2 的推论可知 $d(2^\alpha) \mid d(2^{\alpha+1})$，故 $d(2^{\alpha+1}) = kd(2^\alpha)$.

但 $2^\alpha \parallel f_{d(2^\alpha)}$，故 $2^{\alpha+1}$ 不整除 $f_{d(2^\alpha)}$. 若 $d(2^{\alpha+1})$ 等于 $d(2^\alpha)$，则

$$2^{\alpha+1} \mid f_{d(2^{\alpha+1})} = f_{d(2^\alpha)}$$

产生矛盾，故 $k \geqslant 2$，因而

$$d(2^{\alpha+1}) \geqslant 2d(2^{\alpha})$$

综上所述,得 $d(2^{\alpha+1}) = 2d(2^{\alpha})$. 依次取 $\alpha = 3,4,5,\cdots$,即知定理 4 成立.

当 p 为奇素数时,有下面的定理.

定理 5　设 p 为奇素数,且 $p^{\lambda} \parallel f_{d(p)}$,则

$$d(p^{\alpha}) = \begin{cases} d(p), & \alpha \leqslant \lambda \\ p^{\alpha-\lambda}d(p), & \alpha > \lambda \end{cases}$$

证明　当 $\alpha \leqslant \lambda$ 时,定理显然成立.

设 $\alpha > \lambda$,由 Binet 公式和 Waring 公式可知(注意 p 为奇数)

$$
\begin{aligned}
f_{p^{\alpha-\lambda}d(p)} &= \frac{\alpha^{d(p)p^{\alpha-\lambda}} - \beta^{d(p)p^{\alpha-\lambda}}}{\alpha - \beta} \\
&= \frac{(\alpha^{d(p)})^{p^{\alpha-\lambda}} - (\beta^{d(p)})^{\alpha-\lambda}}{\alpha^{d(p)} - \beta^{d(p)}} \cdot \frac{\alpha^{d(p)} - \beta^{d(p)}}{\alpha - \beta} \\
&= f_{d(p)} \cdot \sum_{i=0}^{\frac{1}{2}(p^{\alpha-\lambda}-1)} (-1)^i \begin{bmatrix} p^{\alpha-\lambda} \\ i \end{bmatrix} (\alpha^{d(p)} - \beta^{d(p)})^{p^{\alpha-\lambda}-2i-1} \\
&\quad \cdot ((\alpha\beta)^{d(p)})^i
\end{aligned}
$$

作变量代换 $j = \dfrac{1}{2}(p^{\alpha-\lambda} - 1) - i$,上式化为

$$
\begin{aligned}
f_{p^{\alpha-\lambda}d(p)} &= f_{d(p)} \cdot \sum_{j=0}^{\frac{1}{2}(p^{\alpha-\lambda}-1)} (-1)^{\frac{1}{2}(p^{\alpha-\lambda}-1)-j} \begin{bmatrix} p^{\alpha-\lambda} \\ \frac{1}{2}(p^{\alpha-\lambda}-1) - j \end{bmatrix} \\
&\quad \cdot (\alpha^{d(p)} - \beta^{d(p)})^{2j}(-1)^{\frac{1}{2}(p^{\alpha-\lambda}-1)-j} \\
&= f_{d(p)} \cdot \sum_{j=0}^{\frac{1}{2}(p^{\alpha-\lambda}-1)} (-1)^{(1+d(p))(\frac{1}{2}(p^{\alpha-\lambda}-1)-j)} \begin{bmatrix} p^{\alpha-\lambda} \\ \frac{1}{2}(p^{\alpha-\lambda}-1) - j \end{bmatrix} \\
&\quad \cdot (5f_{d(p)}^2)^j
\end{aligned}
$$

因为当 $1 \leqslant j \leqslant \dfrac{1}{2}(p^{\alpha-\lambda}-1)$ 时

$$p^{\alpha-\lambda+1} \left\| \begin{bmatrix} p^{\alpha-\lambda} \\ \dfrac{1}{2}(p^{\alpha-\lambda}-1)-j \end{bmatrix} (5f_{d(p)}^2)^j \right.$$

当 $j=0$ 时

$$p^{\alpha-\lambda} \left\| \begin{bmatrix} p^{\alpha-\lambda} \\ \dfrac{1}{2}(p^{\alpha-\lambda}-1) \end{bmatrix} \right.$$

所以

$$p^{\alpha-\lambda} \left\| \sum_{j=0}^{\frac{1}{2}(p^{\alpha-\lambda}-1)} (-1)^{(1+d(p))\left(\frac{1}{2}(p^{\alpha-\lambda}-1)-j\right)} \begin{bmatrix} p^{\alpha-\lambda} \\ \dfrac{1}{2}(p^{\alpha-\lambda}-1)-j \end{bmatrix} (5f_{d(p)}^2)^j \right.$$

又 $p^\lambda \| f_{d(p)}$，故得

$$p^{\alpha-\lambda} \cdot p^\lambda = p^\alpha \| f_{p^{\alpha-\lambda}d(p)}$$

因而

$$p^{\alpha-\lambda}d(p) \leqslant p^{\alpha-\lambda}d(p)$$

另一方面，如果 $d(p^\alpha) < p^{\alpha-\lambda}d(p)$，则因为 $d(p) \mid d(p^\alpha)$，所以可设

$$d(p^\alpha) = p^m d(p), \quad 0 \leqslant m < \alpha-\lambda$$

此时，类似地有

$$f_{p^m d(p)} = f_{d(p)} \sum_{j=0}^{\frac{1}{2}(p^m-1)} (-1)^{(1+d(p))\left(\frac{1}{2}(p^m-1)-j\right)} \begin{bmatrix} p^m \\ \dfrac{1}{2}(p^m-1)-j \end{bmatrix}$$

$$\cdot (5f_{d(p)}^2)^j$$

且

$$p^m \left\| \sum_{j=0}^{\frac{1}{2}(p^m-1)} (-1)^{(1+d(p))\left(\frac{1}{2}(p^m-1)-j\right)} \begin{bmatrix} p^m \\ \dfrac{1}{2}(p^m-1)-j \end{bmatrix} (5f_{d(p)}^2)^j \right.$$

又 $p^\lambda \| f_{d(p)}$，故 $p^{m+\lambda} \| f_{p^m d(p)}$. 但 $0 \leqslant m < \alpha - \lambda$，故 p^α 不整除 $f_{p^m d(p)}$，因而 $d(p^\alpha) \geqslant p^{\alpha - \lambda} d(p)$.

综上所述，得

$$d(p^\alpha) = p^{\alpha - \lambda} d(p), \quad \alpha \geqslant \lambda$$

定理由此得证.

由定理可知，当 $\alpha \leqslant \lambda$ 时，$d(p^\alpha) = d(p)$；当 $\alpha \geqslant \lambda$ 时，定理的结论可表示为递归关系 $d(p^{\alpha+1}) = p d(p^\alpha)$，并且有 $p^\alpha \| f_{d(p^\alpha)}$ 成立.

对任意自然数 m，如果已知 m 的标准分解式为

$$m = p_1^{\lambda_1} p_2^{\lambda_2} \cdots p_k^{\lambda_k}$$

则由定理 3，有

$$d(m) = d(p_1^{\lambda_1}) d(p_2^{\lambda_2}) \cdots d(p_k^{\lambda_k})$$

故求 $d(m)$ 归结为求 $d(p_1^{\lambda_1}), d(p_2^{\lambda_2}), \cdots, d(p_k^{\lambda_k})$；进而，由定理 3、定理 4，又归结为求 $d(p_1), d(p_2), \cdots, d(p_k)$，所以，只需对于素数 p 确定 $d(p)$. 由于已知 $d(2) = 3, d(3) = 4, d(5) = 5$，故可设 p 为大于 5 的奇素数.

我们无法对所有的奇素数 p 给出 $d(p)$ 的一般表达式，但可以给出 $d(p)$ 大小的数量估计. 前面已经证明：$d(p) \leqslant p^2$，但这个估计太宽，可以进一步精确化. 为此，我们先证明下面的引理.

引理　对任意奇素数 p，均有 $f_p \equiv 5^{\frac{1}{2}(p-1)} \pmod{p}$.

证明　由 Binet 公式可得

$$2^p \sqrt{5} f_p = (1 + \sqrt{5})^p - (1 - \sqrt{5})^p$$

利用二项式定理展开，其中不含因数 $\sqrt{5}$ 的项恰好相互抵消，然后约去 $\sqrt{5}$，即得

$$2^p f_p = 2 \sum_{\substack{k \leqslant p \\ k \text{为奇数}}} C_p^k 5^{\frac{1}{2}(k-1)}$$

又 p 是素数,故

$$p \mid C_p^k, \quad 1 \leqslant k \leqslant p-1$$

而由费马小定理,又有

$$2^{p-1} \equiv 1 \pmod{p}$$

故由前面的式子得

$$f_p \equiv 5^{\frac{1}{2}(p-1)} \pmod{p}$$

现在可将 $d(p)$ 的估计式加强,我们有以下定理.

定理 6　设 p 为大于 5 的奇素数,则 $d(p) \leqslant p+1$.

证明　由 Cassini 恒等式,对奇素数 p 有

$$f_{p-1} f_{p+1} - f_p^2 = -1$$

又由费马小定理有

$$5^{p-1} \equiv 1 \pmod{p}$$

所以利用上面的引理可得

$$f_{p-1} f_{p+1} \equiv f_p^2 - 1 \equiv 5^{p-1} - 1 \equiv 0 \pmod{p}$$

即 $p \mid f_{p-1} f_{p+1}$,但 p 为素数,故 $p \mid f_{p-1}$ 或 $p \mid f_{p+1}$,即 $d(p) \leqslant p-1$ 或 $d(p) \leqslant p+1$,故恒有 $d(p) \leqslant p+1$.

5.3　带模的 F-数列

5.3.1　带模的 F-数列

1. 模 m 的 F-数列

前面已经定义过带模的 F-数列:对于大于 1 的整数 m,设

$r_m(x)$ 是整数 x 对模 m 的最小非负剩余. 令

$$f_n(m) = r_m(f_n) \tag{1}$$

称数列 $F(m) = \{f_n(m) : n \geqslant 1\}$ 为模 m 的 F-数列. 显然, $F(m)$ 可以由按模 m 的加法依与 F-数列相同的递推式

$$\begin{cases} f_{n+2}(m) = f_{n+1}(m) + f_n(m), & n \geqslant 1 \\ f_1(m) = f_2(m) = 1 \end{cases} \tag{2}$$

确定, 而以 m 为模的 F-数列即在以 m 为模的剩余类环内的 F-数列.

2. 数列 $F(m)$ 的周期性

模 m 的 F-数列 $F(m)$ 的一个重要性质是它的周期性: 对任意大于 1 的整数 m, $F(m)$ 为周期数列. 我们用 $T = T(m)$ 表示数列的最小正周期, 则对任意的 $n \geqslant 1$, 均有

$$f_{n+T}(m) = f_n(m)$$

如所周知, t 是 $F(m)$ 的周期, 当且仅当 t 是最小正周期 $T(m)$ 的倍数.

沿用上节的记号, 仍以 $d(m)$ 记 F-数列中第一个 m 的倍数的下标:

$$d(m) = \min\{n : m \mid f_n\}$$

则

$$f_{d(m)}(m) = 0$$

我们重新证明数列 $F(m)$ 的周期性, 进而得到周期 T 与 $d(m)$ 之间的关系.

设 r 是 $f_{d(m)-1}$ 关于模 m 的阶, 即

$$r = \min\{n \geqslant 1 : f_{d(m)-1}^n \equiv 1 \pmod{m}\}$$

又记 $f_{d(m)-1}(m) = t$, 则依定义

$$t^r \equiv 1 (\bmod m)$$

定理 1　数列 $F(m)$ 是周期数列,其最小正周期为

$$T(m) = rd(m)$$

证明　由递归关系

$$f_{d(m)+1}(m) \equiv f_{d(m)}(m) + f_{d(m)-1}(m) = 0 + t = t = tf_1(m)$$

$$f_{d(m)+2}(m) \equiv f_{d(m)+1}(m) + f_{d(m)}(m) = t + 0 = t = tf_2(m)$$

$$f_{d(m)+3}(m) \equiv f_{d(m)+2}(m) + f_{d(m)+1}(m) = t + t = 2t = tf_3(m)$$

一般地有

$$f_{d(m)+k}(m) \equiv tf_k(m), \quad 0 \leqslant k \leqslant d(m) - 1$$

特别地,当 $k = d(m) - 1$ 时有

$$f_{2d(m)-1}(m) \equiv tf_{d(m)-1}(m) = t^2$$

重复上面的推理,可得

$$f_{2d(m)+k}(m) \equiv t^2 f_{km}(m), \quad 0 \leqslant k \leqslant d(m) - 1$$

特别地,当 $k = d(m) - 1$ 时有

$$f_{3d(m)-1}(m) \equiv t^2 f_{d(m)-1}(m) \equiv t^3$$

进而有

$$f_{3d(m)+k}(m) \equiv t^3 f_k(m)$$

将这一推理过程重复 r 次,且利用 $t^r \equiv 1 (\bmod m)$,可得

$$f_{rd(m)+k}(m) \equiv t^r f_k(m) = f_k(m)$$

这说明数列 $F(m)$ 是周期数列,而 $T(m) = rd(m)$ 是它的最小正周期.

从定理 1 可以看出,$d(m)$ 是周期 $T(m)$ 的因数,以 $d(m)$ 除 $T(m)$ 的商数 r 恰为 $f_{d(m)-1}$ 关于模 m 的阶.

3. 数列 $F(m)$ 的结构

定理 1 的意义还在于它的证明过程完全揭示了数列 $F(m)$ 的

结构.

我们写出 $F(m)$ 的一个周期($\mathrm{mod}\ m$):

1	1	2	3	$\cdots\cdots$	$f_{d(m)-1}(m) = t$	0
t	t	$2t$	$3t$	$\cdots\cdots$	$f_{2d(m)-1}(m) = t^2$	0
t^2	t^2	$2t^2$	$3t^2$	$\cdots\cdots$	$f_{3d(m)-1}(m) = t^3$	0
				$\cdots\cdots$		
t^{r-1}	t^{r-1}	$2t^{r-1}$	$3t^{r-1}$	$\cdots\cdots$	$f_{rd(m)-1}(m) = t^r \equiv 1\,(\mathrm{mod}\ m)$	0

在上面由一个周期组成的数阵中可以看出,一个周期可以分成 r
段(即数阵中的 r 行),每段以 0 结尾,其长度为 $d(m)$.每列是数列
$F(m)$ 的子列

$$\{f_{kd(m)+j}(m) = t^k f_j(m) : 1 \leqslant j \leqslant d(m)\}, \quad 0 \leqslant k \leqslant r-1$$

除最后一列(第 $d(m)$ 列)外,其余各列是以 $f_j(m)\,(1 \leqslant j \leqslant d(m)$
$-1)$ 为首项,且有相同的公比 t 的等比数列.而整个数列 $F(m)$ 即
由这些等比数列(包括第 $d(m)$ 列即常数 0 的数列)的项依次排列
而成.

因为 $t^r \equiv 1\,(\mathrm{mod}\ m)$,我们在($\mathrm{mod}\ m$)的意义下计算如上面
所列 F-数列中一个周期的各项的和为

$$(1 + 1 + 2 + \cdots + f_{d(m)})(1 + t + t^2 + \cdots + t^{r-1})$$
$$= (1 + 1 + 2 + \cdots + f_{d(m)})(t^r - 1) \equiv 0\,(\mathrm{mod}\ m)$$

我们重新得到 F-数列的长度等于数列 $F(m)$ 的一个周期的相邻各
项的和恰是 m 的倍数.

5.3.2　模 m 的 F-数列的周期

1. 关于 r 的值

r 是 $f_{d(m)-1}$ 关于($\mathrm{mod}\ m$)的阶,它等于 $T(m)$ 与 $d(m)$ 之比,

其值依赖于 m. 现在我们来讨论 r 的值.

首先我们证明下面的引理.

引理　对于非负整数 n 及正整数 s, 有

$$f_{n+2s} \equiv (-1)^s f_n \pmod{f_s l_{n+s}}$$

$$f_{n+2s} \equiv (-1)^{s+1} f_n \pmod{f_{n+s} l_s}$$

其中 $l_n = \alpha^n + \beta^n$ 为 Lucas 数.

证明　由 Binet 公式可得

$$\begin{aligned}
f_s l_{n+s} &= \frac{\alpha^s - \beta^s}{\alpha - \beta}(\alpha^{n+s} + \beta^{n+s}) \\
&= \frac{\alpha^{n+2s} - \beta^{n+2s} - (\alpha\beta)^s(\alpha^n - \beta^n)}{\alpha - \beta} \\
&= f_{n+2s} - (-1)^s f_n \\
l_s f_{n+s} &= \frac{\alpha^{n+s} - \beta^{n+s}}{\alpha - \beta}(\alpha^s + \beta^s) \\
&= \frac{\alpha^{n+2s} - \beta^{n+2s} + (\alpha\beta)^s(\alpha^n - \beta^n)}{\alpha - \beta} \\
&= f_{n+2s} + (-1)^s f_n
\end{aligned}$$

改写成同余式, 即得欲证.

沿用这些记号, 我们有下面的定理.

定理 2　$r \mid 4$, 即 r 值仅为 $1, 2$ 或 4, 并且

$$r = \begin{cases} 4, & d(m) \text{ 为奇数} \\ 1, & 2 \parallel d(m) \text{ 且 } m \mid l_{\frac{d(m)}{2}} \\ 2, & \text{其他情况} \end{cases}$$

证明　由引理, 在

$$f_{n+2s} \equiv (-1)^s f_n \pmod{f_s l_{n+s}}$$

中取 $s = 2d(m)$, 注意到 $m \mid f_{2d(m)}$, 故有

$$f_{n+4d(m)} \equiv f_n \pmod m$$

所以 $4d(m)$ 是数列 $F(m)$ 的一个周期, 因而 $T(m) \mid (4d(m))$; 又 $T(m) = rd(m)$, 故 $r \mid 4$, 即 r 的值仅可为 1, 2 或 4.

当 $d(m)$ 为奇数时, 在上面的同余式中取 $s = d(m)$ 得

$$f_{n+2d(m)} \equiv -f_n \pmod m$$

故 $2d(m)$ 不是 $F(m)$ 的一个周期, 即周期应为 $4d(m)$, r 的值为 4;

当 $d(m)$ 为偶数时, 取 $s = d(m)$ 得

$$f_{n+2d(m)} \equiv f_n \pmod m$$

故 $2d(m)$ 是 $F(m)$ 的一个周期, 因而 $r \mid 2$.

若取 $s = \dfrac{d(m)}{2}$, 则由引理的证明可知

$$f_{n+d(m)} - (-1)^{\frac{d(m)}{2}} f_n = f_{\frac{d(m)}{2}} l_{n+\frac{d(m)}{2}}$$

当 $4 \mid d(m)$ 时, 此式成为

$$f_{n+d(m)} - f_n = f_{\frac{d(m)}{2}} l_{n+\frac{d(m)}{2}}$$

由 $d(m)$ 的定义 $f_{\frac{d(m)}{2}}$ 不是 m 的倍数, 而对不同的 n, $l_{n+\frac{d(m)}{2}}$ 不都是 m 的倍数, 故上式右边不都被 m 整除, 因而 $f_{n+d(m)}$ 与 f_n 对 $(\bmod m)$ 不恒同余, 即 $d(m)$ 不是 $F(m)$ 的周期, 因而 r 的值应为 2. 当 $2 \parallel d(m)$ 时, 由引理的证明可知

$$f_{n+2s} + (-1)^s f_n = f_{n+s} l_s$$

取 $s = \dfrac{d(m)}{2}$, 得

$$f_{n+d(m)} - f_n = f_{n+\frac{d(m)}{2}} l_{\frac{d(m)}{2}}$$

由此可见, 当 m 不整除 $l_{\frac{1}{2}d(m)}$ 时, 因为 $f_{n+\frac{d(m)}{2}}$ 不恒为 m 的倍数, 故 $f_{n+d(m)}$ 与 f_n 对 $(\bmod m)$ 不恒同余, 即 $d(m)$ 不是数列 $F(m)$ 的周

期,这时 r 的值应为 2;当 m 整除 $l_{\frac{1}{2}d(m)}$ 时,$f_{n+d(m)}$ 与 f_n 对 (mod m)同余,故 $d(m)$ 是数列 $F(m)$ 的周期,而 r 的值为 1.

综上所述,定理得证.

2. 数列 $F(m)$ 的周期

关于数列 $F(m)$ 的周期,我们有下面的定理.

定理 3　(1) 若 $m_1 \mid m_2$,则 $T(m_1) \mid T(m_2)$;

(2) 当$(m_1,m_2)=1$ 时,$T(m_1 m_2)=[T(m_1),T(m_2)]$.

证明　(1) 由 $f_{n+T(m_2)} \equiv f_n$ (mod m_2)及 $m_1 \mid m_2$ 可知
$$f_{n+T(m_2)} \equiv f_n \pmod{m_1}$$
故 $T(m_2)$ 是 $F(m_1)$ 的一个周期,故 $T(m_1) \mid T(m_2)$.

(2) 由 $f_{n+T(m_1 m_2)} \equiv f_n$ (mod $m_1 m_2$)可知
$$f_{n+T(m_1 m_2)} \equiv f_n \pmod{m_1}, \quad f_{n+T(m_1 m_2)} \equiv f_n \pmod{m_2}$$
故 $T(m_1 m_2)$ 是 $F(m_1)$ 及 $F(m_2)$ 的周期,因而
$$T(m_1) \mid T(m_1 m_2), \quad T(m_2) \mid T(m_1 m_2)$$
故有
$$[T(m_1),T(m_2)] \mid T(m_1 m_2)$$
另一方面,记 $T=[T(m_1),T(m_2)]$,则 T 是 $F(m_1)$ 及 $F(m_2)$ 共有的周期:
$$f_{n+T} \equiv f_n \pmod{m_1}, \quad f_{n+T} \equiv f_n \pmod{m_2}$$
又$(m_1,m_2)=1$,由同余式的性质,有
$$f_{n+T} \equiv f_n \pmod{m_1 m_2}$$
故
$$T(m_1 m_2) \mid T=[T(m_1),T(m_2)]$$
综上所述,得
$$T(m_1 m_2)=[T(m_1),T(m_2)]$$

推论　若 m 的标准分解式为 $m = p_1^{\alpha_1} p_2^{\alpha_2} \cdots p_s^{\alpha_s}$，则

$$T(m) = \left[T(p_1^{\alpha_1}), T(p_2^{\alpha_2}), \cdots, T(p_s^{\alpha_s}) \right]$$

由此推论，我们将 $T(m)$ 的计算归结为 $T(p^\alpha)$（p 为素数）的计算. 又由定理，只需计算 $d(p^\alpha)$，而关于 $d(p^\alpha)$ 的计算在上节中已经讨论.

5.4　以 Fibonacci 数为模的 F-数列

在带模的 F-数列中，如果模 m 本身为 Fibonacci 数，就得到以 Fibonacci 数为模的 F-数列.

5.4.1　几个著名恒等式的模形式及数列 $F(f_n)$ 的项

我们已经熟知下面的几个恒等式：

$$f_{m+n} = f_m f_{n+1} + f_{m-1} f_n$$

$$f_{n+r} f_{n-r} - f_n^2 = (-1)^{n-r+1} f_r^2$$

$$f_n f_{n+2} - f_{n+1}^2 = (-1)^{n+1}$$

$$f_{n+r} = l_r f_n + (-1)^{r-1} f_{n-r}$$

在这些恒等式中取（$\bmod f_n$），就分别得到同余式

$$f_{m+n} \equiv f_m f_{n+1} \pmod{f_n} \tag{1}$$

$$f_{n+r} f_{n-r} \equiv (-1)^{n-r+1} f_r^2 \pmod{f_n} \tag{2}$$

$$f_{n+1}^2 \equiv (-1)^n \pmod{f_n} \tag{3}$$

$$f_{n+r} \equiv (-1)^{r-1} f_{n-r} \pmod{f_n} \tag{4}$$

现考察项 f_{mn+r}，其中 $0 \leqslant r \leqslant n-1$.

当 m 为偶数时，利用上面的同余式可得

$$f_{mn+r} \equiv f_{(m-1)n+r} f_{n+1} \equiv \cdots \equiv f_r f_{n+1}^m \equiv f_r (f_{n+1}^2)^{\frac{m}{2}}$$

$$\equiv f_r((-1)^n)^{\frac{m}{2}} \equiv \begin{cases} f_r(\mathrm{mod}\, f_n), & m \equiv 0\,(\mathrm{mod}\,4) \\ (-1)^n f_r(\mathrm{mod}\, f_n), & m \equiv 2\,(\mathrm{mod}\,4) \end{cases}$$

当 m 为奇数时,同样地有

$$f_{mn+r} \equiv f_{n+r}f_{n+1}^{m-1} \equiv f_{n+r}((-1)^n)^{\frac{m-1}{2}}$$

$$\equiv \begin{cases} f_{n+r}(\mathrm{mod}\, f_n) & m \equiv 1\,(\mathrm{mod}\,4) \\ (-1)^n f_{n+r}(\mathrm{mod}\, f_n) & m \equiv 3\,(\mathrm{mod}\,4) \end{cases}$$

$$\equiv \begin{cases} (-1)^{r-1} f_{n-r}(\mathrm{mod}\, f_n) & m \equiv 1\,(\mathrm{mod}\,4) \\ (-1)^{n+r-1} f_{n-r}(\mathrm{mod}\, f_n) & m \equiv 3\,(\mathrm{mod}\,4) \end{cases}$$

这些式子合写为

$$f_{mn+r} \equiv \begin{cases} f_r(\mathrm{mod}\, f_n) & m \equiv 0\,(\mathrm{mod}\,4) \\ (-1)^{r-1} f_{n-r}(\mathrm{mod}\, f_n) & m \equiv 1\,(\mathrm{mod}\,4) \\ (-1)^n f_r(\mathrm{mod}\, f_n) & m \equiv 2\,(\mathrm{mod}\,4) \\ (-1)^{n+r-1} f_{n-r}(\mathrm{mod}\, f_n) & m \equiv 3\,(\mathrm{mod}\,4) \end{cases} \tag{5}$$

从这些式子可以看出,如果不限定取最小非负剩余,那么数列 $F(f_n)$ 中的数都是 Fibonacci 数或其反数.

5.4.2　数列 $F(f_n)$ 的周期

对于一般的 $(\mathrm{mod}\, m)$,我们已经证明数列 $F(m)$ 的周期为

$$T(m) = rd(m)$$

其中 $d(m)$ 为 F-数列中 m 的倍数的最小下标,而 r 为 $f_{d(m)-1}$ 的阶,即

$$d(m) = \min\{n : m \mid f_n\}$$

$$r = \min\{n : f_{d(m)-1}^n \equiv 1\,(\mathrm{mod}\, m)\}$$

当 $m = f_n$ 时,显然 $d(f_n) = n$,故只需确定 r 的值.

当 $n=3$ 时，$f_3=2$，$f_2=1$，f_2 的阶为 1；当 $n>3$ 时，由 F-数列的递归式可得

$$f_{n+1} \equiv f_{n-1} (\bmod f_n)$$

于是由式(3)得

$$f_{n-1}^2 \equiv (-1)^n (\bmod f_n) \equiv \begin{cases} 1 (\bmod f_n), & n \text{ 为偶数} \\ -1 (\bmod f_n), & n \text{ 为奇数} \end{cases}$$

故对于奇数 n 有

$$f_{n-1}^4 \equiv 1 (\bmod f_n)$$

这说明对($\bmod f_n$)，当 n 为偶数时，f_{n-1} 的阶为 2；当 n 为奇数时，f_{n-1} 的阶为 4. 故 r 的值为 1，2 或 4，代入上面的式子，可得以下定理.

定理　数列 $F(m)$ 的周期为

$$T(f_n) = \begin{cases} 3, & n=3 \\ 2n, & n>3 \text{ 为偶数} \\ 4n, & n>3 \text{ 为奇数} \end{cases}$$

5.4.3　应用——Fibonacci 数的尾数

由 Fibonacci 数的尾数(末位数字)组成的数列就是以 10 为模的 F-数列 $F(10)$，它是周期数列，我们来求其最小正周期. 根据上面的定理

$$T(2) = T(f_3) = 3, \quad T(5) = T(f_5) = 4 \times 5 = 20$$

可得

$$T(10) = [T(f_3), T(f_5)] = [3, 20] = 60$$

即 $F(10)$ 的周期为 60.

同样地，由 $f_6=8$，可知

$$d(4) = d(8) = 6, \quad \frac{1}{2}d(4) = \frac{1}{2}d(8) = 3$$

故 $2 \parallel d(4)$. 又 $l_{\frac{1}{2}d(4)} = l_3 = 4$, 故 $4 \mid l_{\frac{1}{2}d(4)}$. 由 5.3 节定理 2, 可知

$$T(4) = 1 \times d(4) = 6$$

又由 5.4 节定理知

$$T(8) = T(f_6) = 2 \times 6 = 12$$

又 $l_3 = 4$ 是 4 的倍数而不是 8 的倍数, 由 5.3 节定理 2 及 5.4 节定理, 有

$$T(4) = 1 \times 6 = 6, \quad T(8) = 2 \times 6 = 12$$

而由 5.2 节定理 5, $d(25) = 5d(5) = 25$, $d(125) = 25d(5) = 125$ 均为奇数, 故知

$$T(25) = 4d(25) = 100, \quad T(125) = 4d(125) = 500$$

由此可得

$$T(100) = [T(4), T(25)] = [6, 100] = 300$$

$$T(1\,000) = [T(8), T(125)] = [12, 500] = 1\,500$$

故由 F-数列的每项的末两位数组成的数列 (即 $F(100)$) 的周期为 300, 由 F-数列的每项的末三位数组成的数列 (即 $F(1\,000)$) 的周期为 1 500. 类似可知, 末四位、末五位数组成的数列的周期分别为 15 000, 150 000.

5.5 Lame 定理

在历史上, Lame 首先运用 F-数列研究了求最大公约数的辗转相除法的有效性, 这就是著名的 Lame 定理, 它是 F-数列在数学中的重要应用.

5.5.1　关于 Fibonacci 数的一个估计式

定理 1　当 $n \geqslant 3$ 时，$f_n > \alpha^{n-2}$，其中 $\alpha = \dfrac{1}{2}(1+\sqrt{5})$.

证明　由于

$$\alpha < 2 = f_3, \quad \alpha^2 = \frac{1}{2}(3+\sqrt{5}) < 3 = f_4$$

故当 $n = 3, 4$ 时，不等式成立.

设 $n \geqslant 5$ 时已有

$$f_{n-2} > \alpha^{n-4}, \quad f_{n-1} > \alpha^{n-3}$$

由于 α 是方程 $x^2 - x - 1 = 0$ 的根，所以 $\alpha^2 = \alpha + 1$，因而

$$\alpha^{n-2} = \alpha^{n-3} + \alpha^{n-4}$$

于是得到

$$f_n = f_{n-1} + f_{n-2} > \alpha^{n-3} + \alpha^{n-4} = \alpha^{n-2}$$

由数学归纳法原理，定理得证.

5.5.2　Lame 定理

定理（Lame）　设 a, b 为正整数，$a \geqslant b$，则在用辗转相除法求最大公约数 (a, b) 时所作除法的次数不超过 b 的位数的 5 倍.

证明　记 $r_0 = a$，$r_1 = b$，用辗转相除法时有下面的一组等式：

$$r_0 = r_1 q_1 + r_2, \qquad 0 \leqslant r_2 < r_1$$

$$r_1 = r_2 q_2 + r_3, \qquad 0 \leqslant r_3 < r_2$$

$$\cdots\cdots$$

$$r_{n-2} = r_{n-1} q_{n-1} + r_n, \quad 0 \leqslant r_n < r_{n-1}$$

$$r_{n-1} = r_n q_n$$

共作 n 次除法得到最大公约数 $r_n = (a, b)$. 此处 $q_1, q_2, \cdots, q_{n-1}$

不小于 1,而 $q_n \geqslant 2$,因而推得

$$r_n \geqslant 1 = f_2$$

$$r_{n-1} \geqslant 2r_n \geqslant 2f_2 = f_3$$

$$r_{n-2} \geqslant r_{n-1} + r_n \geqslant f_3 + f_2 = f_4$$

$$\cdots\cdots$$

$$r_2 \geqslant r_4 + r_3 \geqslant f_{n-2} + f_{n-1} = f_n$$

$$b = r_1 \geqslant r_2 + r_3 \geqslant f_{n-1} + f_n = f_{n+1}$$

由定理 1 中建立的不等式,可知

$$b \geqslant f_{n+1} > \alpha^{n-1}$$

取对数并注意 $\lg \alpha \approx 0.208 > \dfrac{1}{5}$,可得

$$\lg b > (n-1)\lg \alpha > \frac{n-1}{5}$$

故 $n-1 < 5\lg b$.若 b 为 k 位数:$b < 10^k$,则 $\lg b < k$,故 $n-1 < 5k$,但 k 为整数,所以 $n \leqslant 5k$.

5.6 Fibonacci 平方数

观察发现,在 F-数列中有三个平方数

$$f_1 = f_2 = 1 = 1^2, \quad f_{12} = 144 = 12^2$$

试问:这个数列中是否还有其他的平方数? 答案是否定的:1964 年我国的柯召、孙琦教授证明,除上述特例外,F-数列中没有其他的平方数.本节我们就来叙述他们的证明.作为应用,我们还证明了第一类 Fibonacci 三角形的唯一性,并且给出了一个有趣的推论.

我们要证明在 F-数列中除少数特例外其余的数都不是平方数,这不是一件很容易的事.我们至少遇到两个困难:一是 F-数列

中的数一般都很大,不便于通过分解或计算来验证;二是 Fibonacci 数有无限多,不可能一一验证.为了判定一个数是否为平方数,我们需要引入数论中关于平方剩余的一些基本概念和结论.要证明数列中的无限多个数都不是平方数,考虑到 F-数列是递归数列,我们需要建立本质上具有递归性质的同余式.

为了证明的方便,我们讨论拓广的 F-数列和 L-数列(数列的项的下标为整数).我们从数论中关于二次剩余的一些基本概念和结论入手.

5.6.1 平方剩余

平方数有一些我们很熟悉的性质,例如,负数不是平方数,两个平方数的乘积是平方数;平方数与非平方数的乘积是非平方数.为了判定平方数,我们需要建立平方剩余的概念,叙述关于平方剩余的一些最基本的结论.

设 M 为任意自然数, a 是给定的整数,如果存在 x ,使

$$x^2 \equiv a (\mathrm{mod}\ M) \tag{1}$$

成立,则称 a 为 $(\mathrm{mod}\ M)$ 的平方剩余,否则(即式(1)无解),称 a 为 $(\mathrm{mod}\ M)$ 的平方非剩余.

显然有

$$b^2 \equiv b^2 (\mathrm{mod}\ M)$$

所以,对任意模,平方数都是平方剩余(特例,1 对任意模都是平方剩余),也就是说,如果存在一个模使 a 是平方非剩余,那么 a 必非平方数.容易证明,平方剩余与平方剩余之积为平方剩余,平方剩余与平方非剩余之积为平方非剩余.

现设 p 为奇素数, $(a,p)=1$.则由 Fermat 定理可知

$$a^{p-1} \equiv 1 \pmod{p} \tag{2}$$

由于 p 是奇数时，$\dfrac{p-1}{2}$ 是整数，由式(2)得

$$\left(a^{\frac{p-1}{2}} + 1\right)\left(a^{\frac{p-1}{2}} - 1\right) \equiv 0 \pmod{p}$$

但 p 为素数，故

$$a^{\frac{p-1}{2}} + 1 \equiv 0 \pmod{p} \quad \text{或} \quad a^{\frac{p-1}{2}} - 1 \equiv 0 \pmod{p} \tag{3}$$

成立. 若这两个同余式都成立，则

$$p \mid \left(\left(a^{\frac{p-1}{2}} + 1\right) - \left(a^{\frac{p-1}{2}} - 1\right)\right) = 2$$

这是不可能的，所以式(3)中的两个同余式中有且只有一个成立.

当 a 是 $(\bmod\ p)$ 的平方剩余时，设

$$a = x^2 \pmod{p}$$

若 $(a, p) = 1$，则 $(x, p) = 1$，由 Fermat 定理

$$x^{p-1} \equiv 1 \pmod{p}$$

因而

$$a^{\frac{p-1}{2}} \equiv (x^2)^{\frac{p-1}{2}} \equiv x^{p-1} \equiv 1 \pmod{p}$$

故有

$$a^{\frac{p-1}{2}} - 1 \equiv 0 \pmod{p} \tag{4}$$

这说明，当 a 是 $(\bmod\ p)$ 平方剩余时，式(4)成立，故当式(4)不成立，因而

$$a^{\frac{p-1}{2}} + 1 \equiv 0 \pmod{p} \quad \text{即} \quad a^{\frac{p-1}{2}} \equiv -1 \pmod{p}$$

成立时，a 是平方非剩余. 特别地，当 p 是 $4k+3$ 型的素数而 $a = -1$ 时

$$(-1)^{\frac{p-1}{2}} = (-1)^{2k+1} = -1$$

因而

$$(-1)^{\frac{p-1}{2}} \equiv -1 (\mathrm{mod}\ p)$$

故以 $4k+3$ 型的素数为模时，-1 是平方非剩余. 又因为任意多个 $4k+1$ 型的数的乘积仍为 $4k+1$ 型的数，所以每个 $4k+3$ 型的数都至少含有一个 $4k+3$ 型的素因数，所以我们得到下面的重要的结论：

以任意 $4k+3$ 型的数为模时，-1 都为平方非剩余.

又因为平方数都是平方剩余，而平方剩余与平方非剩余之积为平方非剩余，所以平方数的反数以 $4k+3$ 型的数为模时是平方非剩余.

5.6.2　同余性质

在 2.2.5 节中我们已经知道，$(\mathrm{mod}\ 2)$ 的 F-数列和 L-数列都是周期为 3 的周期数列，其由下标为 $1,2,3$ 的三项组成的一个周期均为 $(1,1,0)$，故当 $n \equiv 0 (\mathrm{mod}\ 3)$ 时，f_n, l_n 同偶，其最大公约数为 2；否则同奇并且互质.

考察 $(\mathrm{mod}\ 4)$ 的 L-数列，其周期为 6，取 $l_1 \sim l_6 (\mathrm{mod}\ 4)$ 组成的一个周期 $(1,3,0,3,3,2)$ 进行观察，可知当 $n \equiv \pm 2 (\mathrm{mod}\ 6)$ 时，$l_n \equiv 3 (\mathrm{mod}\ 4)$，即 l_n 是 $4k+3$ 型的数.

考察 $(\mathrm{mod}\ 3)$ 的 L-数列，其周期为 8，取 $l_1 \sim l_8 (\mathrm{mod}\ 3)$ 组成的一个周期 $(1,0,1,1,2,0,2,2)$ 进行观察，可知当且仅当 $n \equiv 2, 6 (\mathrm{mod}\ 8)$ 即 $n \equiv 2 (\mathrm{mod}\ 4)$ 时，$l_n \equiv 0 (\mathrm{mod}\ 3)$.

下面证明两个具有递归性质的同余式，它们在关于 Fibonacci 平方数的定理的证明中起着关键的作用. 注意在证明中要用到关于 F-数列和 L-数列的一些已有的恒等式.

引理 设整数 k 满足 $k \equiv \pm 2 \pmod 6$，则对任意正整数 $t \geqslant 0$ 有

$$l_{n+2kt} \equiv (-1)^t l_n \pmod{l_k} \tag{5}$$

$$f_{n+2kt} \equiv (-1)^t f_n \pmod{l_k} \tag{6}$$

证明 前面已经证明

$$2l_{n+2kt} = 5f_n f_{2k} + l_n l_{2k} = 5f_n f_k l_k + l_n(l_n^2 - 2)$$

$$\equiv -2l_n \pmod{l_k}$$

而当 $k \equiv \pm 2 \pmod 6$ 时，$l_k \equiv 3 \pmod 4$ 为奇数，故

$$l_{n+2k} \equiv -l_n \pmod{l_k}$$

即式(5)对于 $t=1$ 成立；设式(5)对 t 成立，则由

$$l_{n+2k(t+1)} = l_{(n+2kt)+2k} \equiv -l_{n+2kt} \equiv -(-1)^t l_n$$

$$\equiv (-1)^{t+1} l_n \pmod{l_k}$$

知式(5)对 $t+1$ 亦成立. 由数学归纳法，式(5)得证.

类似地，因为

$$2f_{n+2k} = f_n l_{2k} + l_n f_{2k} = f_n(l_k^2 - 2) + f_k l_k l_n \equiv -2f_n \pmod{l_k}$$

故得

$$f_{n+2k} \equiv -f_n \pmod{l_k}$$

由此用数学归纳法可证明式(6)成立.

5.6.3 Fibonacci 平方数

现在我们来证明主要结论. 为了证明方便，我们考察拓展后的 F-数列，这时可将结论表述为下面的定理.

定理 设 n 为整数，则 f_n 是平方数：$f_n = x^2$，当且仅当 $n = 0$，$\pm 1, 2, 12$，这时，$x = 0, \pm 1, \pm 12$.

证明 分以下三步：

（1）对于 L-数列，$l_n = x^2$，当且仅当 $n = 1, 3$，这时分别有 $x = \pm 1, \pm 2$.

事实上，如果偶数 $n = 2m$ 使 $l_{2m} = x^2$ 成立，则由 $l_{2m} = l_m^2 \pm 2$ 得

$$x^2 - l_m^2 = \pm 2 \tag{7}$$

故 x 与 l_m 同奇偶性. 当它们同为偶数时，$x^2 - l_m^2$ 是 4 的倍数；当它们同为奇数时，$x^2 - l_m^2$ 是 8（因而也是 4）的倍数，在式（7）中取 $(\bmod 4)$，得到矛盾 $0 \equiv 2 \ (\bmod 4)$，故 n 不为偶数.

当 n 为奇数时，若 $n = 1, 3$，则分别有

$$l_1 = 1 = (\pm 1)^2, \quad l_3 = 4 = (\pm 2)^2$$

即有 $x = \pm 1, \pm 2$. 若 $n > 3$，则因为 n 是 $4k + 1$ 或 $4k + 3$ 型的自然数，故可以表示为

$$n = c + 2k \cdot 3^r$$

其中 $c = 1, 3, r \geqslant 0, k > 0$ 为偶数且不含因数 3，故 $k \equiv \pm 2 \ (\bmod 6)$. 这时，$l_k$ 是 $4k + 3$ 型的数，由式（5）得

$$l_n = l_{c + 2k \cdot 3^r} \equiv (-1)^{3^r} l_c \equiv - l_c \ (\bmod l_k)$$

当 $c = 1, 3$ 时，$-l_c = -1$ 或 $-l_c = -4$，但对于 $4k + 3$ 型的模，-1，-4 均为平方非剩余，故 $n > 3$ 为奇数时，l_n 不为平方数. 若 $n < 0$，则 $n = -|n|$，而

$$l_n = l_{-|n|} = (-1)^{|n|} l_{|n|} = - l_{|n|} < 0$$

所以 l_n 也不是平方数.

（2）对于 L-数列，$l_n = 2x^2$，当且仅当 $n = 0, \pm 6$，这时分别有 $x = \pm 1, \pm 3$.

事实上，当 n 为奇数时，由 $l_n^2 = 5f_n^2 - 4$ 可知 $4x^4 = 5f_n^2 - 4$，两

边同除以 4, 得

$$x^4 = 5\left(\frac{1}{2}f_n\right)^2 - 1$$

若 x 为偶数, 则 $\frac{1}{2}f_n$ 为奇数, 其平方用 8 除时余数为 1, 故在上式中取 $(\bmod 8)$, 得矛盾 $0 \equiv 4 \ (\bmod 8)$; 若 x 为奇数, 则 $\frac{1}{2}f_n$ 为偶数, 其平方为 4 的倍数, 故在上式中取 $(\bmod 4)$, 得矛盾 $1 \equiv -1 \ (\bmod 4)$. 因而 n 不为奇数.

当 n 为偶数时, 若 n 为 4 的倍数, 则当 $n = 0$ 时, $l_0 = 2 = 2 \times 1^2$, 解出 $x = \pm 1$; 当 $n > 0$ 时, 将 n 写成 $n = 2k \cdot 3^r$ ($r \geqslant 0$, $k > 0$ 且 $k \equiv \pm 2 \ (\bmod 6)$), 这时, l_k 是 $4m + 3$ 型的数, 由式 (5) 可得 $l_n \equiv -l_0 \ (\bmod l_k)$, 即 $2x^2 \equiv -2 \ (\bmod l_k)$, 但 l_k 为奇数, 故约去 2 得 $x^2 \equiv -1 \ (\bmod l_k)$, 因为对 $4m + 3$ 型的模, -1 是平方非剩余, 此式不能成立; 若 $n \equiv 2 \ (\bmod 4)$, 则可分为 $n \equiv 6 \ (\bmod 8)$ 和 $n \equiv 2 \ (\bmod 8)$ 两种情形. 对第一种情形, 若 $n = 6$, 则由 $l_6 = 18 = 2 \times 3^2$ 得解 $x = \pm 3$; 若 $n > 6$, 则 n 可写成 $n = 6 + 2k \cdot 3^r$ ($r \geqslant 0$, $k > 0$ 且 $k \equiv \pm 2 \ (\bmod 6)$), 由式 (5) 可得

$$l_n \equiv -l_6 \equiv -18 \ (\bmod l_k) \quad 即 \quad x^2 \equiv -9 \ (\bmod l_k)$$

这同样也是不可能的. 若 $n < 0$, 则因 n 为偶数时 $l_n = l_{|n|}$, 故 $l_n = 2x^2$ 亦无解. 对于第二种情形 $n \equiv 2 \ (\bmod 8)$, 如果 $l_n = 2x^2$, 则 $l_{-n} = l_n = 2x^2$, 但 $-n > 0$ 且 $-n = -2 \equiv 6 \ (\bmod 8)$. 由前面所证, 仅当 $-n = 6$ 即 $n = -6$ 时, 有解 $x = \pm 3$.

综上所述, 式 (2) 得证.

(3) 现证明定理的主要结论, 设 $f_n = x^2$.

当 n 为奇数时,若 $n \equiv 1 (\bmod 4)$,则当 $n = 1$ 时,$f_1 = 1 = (\pm 1)^2$,故有解 $x = \pm 1$;当 $n > 1$ 时,将 n 写成 $n = 1 + 2k \cdot 3^r (r \geqslant 0, k \equiv \pm 2 (\bmod 6))$,这时 l_k 是 $4m + 3$ 型的数,由式(6)可得 $f_n \equiv -f_1 \equiv -1 (\bmod l_k)$,故 f_n 不可能为平方数;当 $n < 0$ 时,$f_n = f_{|n|}$,故 f_n 不为平方数;若 $n \equiv 3 (\bmod 4)$,则由 $f_n = x^2$,可得 $f_{-n} \equiv -f_n \equiv x^2$,但 $-n > 0$ 且 $-n \equiv -3 \equiv 1 (\bmod 4)$.由上面所证,仅当 $-n = 1$ 即 $n = -1$ 时,有解 $x = \pm 1$.

当 n 为偶数时,设 $n = 2m$,而 $x^2 = f_{2m} = f_m l_m$.

若 $m \equiv 0 (\bmod 3)$,则 $(f_m, l_m) = 2$,因而上式化为

$$f_m = 2y^2, \quad l_m = 2z^2, \quad x = 2yz$$

由(2)中所证,$l_m = 2z^2$ 仅有解 $m = 0, z = \pm 1$ 及 $m = \pm 6, z = \pm 3$.当 $m = 0$ 时,$n = 0, x = 0$;当 $m = 6$ 时,$n = 12, f_{12} = 144 = (\pm 12)^2$,得解 $x = \pm 12$;当 $m = -6$ 时,$f_{-6} = -144$ 不是平方数.

若 m 不是 3 的倍数,则 $(f_m, l_m) = 1$,类似地有

$$f_m = y^2, \quad l_m = z^2, \quad x = yz$$

由(1)中所证,$l_m = z^2$ 仅有解 $m = 1, z = \pm 1$ 及 $m = 3, z = \pm 2$.当 $m = 1$ 时,$n = 2, x = \pm 1$;当 $m = 3$ 时,$n = 6, f_6 = 8$ 不是平方数.

综上所述,定理得证.

为完整起见,也为下面的定理证明的需要,我们还证明下面的结论.

(4) 对于 F-数列,$f_n = 2x^2$,当且仅当 $n = 0, \pm 3, 6$,这时分别有 $x = 0, \pm 1, \pm 2$.

证明　首先,当 n 为偶数时,$n = 2m$.

若 m 为 3 的倍数,则 $(f_m, l_m) = 2$,因而 $\left(\dfrac{1}{2}f_m, \dfrac{1}{2}l_m\right) = 1$.

这时

$$2x^2 = f_{2m} = f_m l_m$$

所以 x 为偶数, $x = 2x_1$, 而方程化为

$$2x_1^2 = \left(\frac{1}{2}f_m\right)\left(\frac{1}{2}l_m\right)$$

由此得

① $\frac{1}{2}f_m = 2t^2$, $\frac{1}{2}l_m = s^2$, $x_1 = st$;

或

② $\frac{1}{2}f_m = t^2$, $\frac{1}{2}l_m = 2s^2$, $x_1 = st$.

在①中, $f_m = 4t^2 = (2t)^2$, 故 $m = 12$; 此时 $\frac{1}{2}l_{12} = \frac{322}{2} = 161$ 不是完全平方数.

在②中, $l_m = 4s^2 = (2s)^2$, 故 $m = 3$; 此时 $\frac{1}{2}f_3 = 1^2$, 故得到解 $n = 6$, $x = 2$.

若 m 不是 3 的倍数, 则 $2m$ 不是 3 的倍数, 故 f_{2m} 不是偶数, 方程无解.

其次, 当 n 为奇数时, 设 $n \geqslant 0$. 若 $n \equiv 3 \pmod 4$, 当 $n = 3$ 时, 有解 $x = \pm 1$; 当 $n > 3$ 时, 设

$$n = 3 + 2 \times 3^r k, \quad r > 0, \quad k \equiv \pm 2 \pmod 6, \quad k > 0$$

由同余式(6)可得

$$2x^2 \equiv f_n \equiv -f_3 = -2 \pmod{l_k}$$

即

$$x^2 \equiv -1 \pmod{l_k}$$

这是不可能的;当 $n < 0$ 时,显然 $f_n \neq 2x^2$.

若 $n \equiv 1 \pmod 4$,则 $-n \equiv 3 \pmod 4$,由上面所证,仅当 $-n \equiv 3$ 即 $n = -3$ 时,有解 $x = \pm 1$.

5.6.4　第一类 Fibonacci 三角形的唯一性

我们已经知道,第一类 Fibonacci 三角形的三边必具有 $(f_{n-1}, f_{n-1}, f_n)(n \geqslant 4)$ 的形式,且当 $n = 6$ 时得到三边为 $(5, 5, 8)$ 的三角形确为第一类 Fibonacci 三角形.我们证明这是唯一的一个第一类 Fibonacci 三角形.

定理　三边为 (f_{n-1}, f_{n-1}, f_n) 的三角形是第一类 Fibonacci 三角形,当且仅当 $n = 6$.

证明　只需证明必要性.

设 h 是底边上的高,由于三角形的面积为整数,故高 h 必为整数.由勾股定理,有

$$4h^2 = 4f_{n-1}^2 - f_n^2 = (2f_{n-1} - f_n)(2f_{n-1} + f_n)$$
$$= (f_{n-1} - f_{n-2})(f_{n-1} + f_{n+1}) = f_{n-3}l_n$$

故 $f_{n-3}l_n$ 是完全平方数.记 $d = (f_{n-3}, l_n)$,则由第 2 章 2.5.5 节的定理,$d = 1$ 或 2.

当 $d = 1$ 时,我们有

$$f_{n-3} = y^2, \quad l_n = z^2$$

此时 $n = 3$.

当 $d = 2$ 时,我们有

$$f_{n-3} = 2y^2, \quad l_n = 2z^2$$

此时 $n = 6$.

综上所述,由于 $n \geqslant 4$,故仅有 $n = 6$.

我们说过(见 3.1.2 节),若 n 为 3 的倍数,则当且仅当 $f_{2n-3} + 2(-1)^n$ 为完全平方数时,存在三边为 (f_{n-1}, f_{n-1}, f_n) 的第一类 Fibonacci 三角形.因为 $n = 3m$,m 与 n 同奇偶性,$2n - 3 = 6m - 3 = 3(2m - 1)$,故由此定理可得下面的推论.

推论　在形如 $f_{3(2m-1)} + 2(-1)^m$ 的数中,当且仅当 $m = 2$ 时为完全平方数:$f_9 + 2 = 34 + 2 = 36$.

第 6 章 Fibonacci 记数法及其应用

在本章中,我们首先叙述记数法的一般原理,然后介绍一种基于 F-数列的记数法.由这种记数法可以导出自然数集的一种有趣的划分,而这种划分可以用来讨论起源于我国民间的一个古老的数学游戏,得出关于这种游戏的制胜策略的完美的结论.

6.1 Fibonacci 记数法

本节先介绍记数法的一般原理,从而引出 Fibonacci 记数法,然后用它解决第 1 章中提出的一个有趣的组合记数问题.

6.1.1 记数法的一般原理

1. 十进制记数法

我们最熟悉的记数法是十进制记数法,而在电子计算机中普遍使用二进制记数法.记数法的本质是什么?让我们通过十进制记数法来加以分析.

在十进制记数法中,我们有一个由 10 的幂组成的基本序列 $\{q_n\}$:

$$\{q_n = 10^n : n \geqslant 0\} = \{1, 10, 100, 1\,000, \cdots\} \qquad (1)$$

这个序列具备下列特点:

(1) 首项为 1：$q_0 = 1$；

(2) 严格单调上升：$q_n < q_{n+1}$，$n \geqslant 0$；　　　　　(2)

(3) 趋于无穷大：$q_n \to \infty$，$n \to \infty$.

设 N 为任给的正整数，则存在唯一的自然数 n，使

$$10^n \leqslant N < 10^{n+1} \tag{3}$$

以 10^n 除 N，商数（不完全商）为 a_n，余数为 r_n，则

$$\begin{cases} 0 < a_n = \left[\dfrac{N}{10^n}\right] < \dfrac{10^{n+1}}{10^n} = 10 \\ 0 \leqslant r_n = N - a_n \times 10^n < 10^n \end{cases} \tag{4}$$

以 10^{n-1} 除 $r_n = N - a_n \times 10^n$，商数（不完全商）为 a_{n-1}，余数为 r_{n-1}，则

$$\begin{cases} 0 \leqslant a_{n-1} = \left[\dfrac{N - a_n \times 10^n}{10^{n-1}}\right] < \dfrac{10^n}{10^{n-1}} = 10 \\ 0 \leqslant r_{n-1} = N - (a_n \times 10^n + a_{n-1} \times 10^{n-1}) < 10^{n-1} \end{cases} \tag{5}$$

继续这一过程，直至

$$0 \leqslant r_1 = N - (a_n \times 10^n + a_{n-1} \times 10^{n-1} + \cdots + a_1 \times 10) < 10 \tag{6}$$

记 $a_0 = r_1$，则

$$\begin{aligned} N &= a_n \times 10^n + a_{n-1} \times 10^{n-1} + \cdots + a_1 \times 10 + a_0 \times 10^0 \\ &= \overline{a_n a_{n-1} \cdots a_0} \end{aligned} \tag{7}$$

这就是 N 的十进制表示法. 由于对每个 k（$0 \leqslant k \leqslant n$）均有

$$0 \leqslant a_k < 10 \tag{8}$$

故在十进制记数法中，我们只需要 10 个数字：$0, 1, 2, \cdots, 9$.

2. 记数法的一般原理

十进制记数法的这种思想可以推广到一般情形.

设有由正整数组成的一个序列

$$Q = \{q_n : n \geqslant 0\} = \{q_0, q_1, q_2, \cdots\} \tag{9}$$

具有式(2)中所列的三个性质，N 为任意给定的正整数，则存在自然数 n，使

$$q_n \leqslant N < q_{n+1} \tag{10}$$

以 q_n 除 N，设商为 a_n，余数为 r_n，则

$$\begin{cases} 0 < a_n = \left[\dfrac{N}{q_n}\right] < \dfrac{q_{n+1}}{q_n} \\ 0 \leqslant r_n = N - a_n q_n < q_n \end{cases} \tag{11}$$

以 q_{n-1} 除 r_n，得商数 a_{n-1}、余数 r_{n-1}，则

$$\begin{cases} a_{n-1} = \left[\dfrac{N - a_n q_n}{q_{n-1}}\right] \\ 0 \leqslant r_{n-1} = N - (a_n q_n + a_{n-1} q_{n-1}) < q_{n-1} \end{cases} \tag{12}$$

继续这一过程，直至

$$r_1 = N - (a_n q_n + a_{n-1} q_{n-1} + \cdots + a_1 q_1) < q_1 \tag{13}$$

记 $a_0 = r_1$，而 $q_0 = 1$，则有

$$\begin{aligned} N &= a_n q_n + a_{n-1} q_{n-1} + \cdots + a_1 q_1 + a_0 q_0 \\ &= \overline{(a_n a_{n-1} \cdots a_1 a_0)}_Q \end{aligned} \tag{14}$$

称式(14)为正整数 N 的 Q-记数法表示：每个正整数的 Q-记数法的表示是唯一的，且其 Q-记数法的第 k 位数字 a_k 只取 $0, 1, 2, \cdots$，$\left[\dfrac{q_{k+1}}{q_k}\right]$ 种不同的值.

3. 一个有趣的数学游戏

下面的数学游戏是二进制记数法在博弈问题中的应用：

桌上有三堆火柴，甲、乙对奕，两人轮流取走火柴，但每次只能

从一堆中取走若干根火柴(也可以取走一堆),最后剩下的火柴归谁取走,谁就获胜.试讨论获胜的策略.

解　设三堆火柴中火柴的数目分别为 x,y,z,将此三数均用二进制记数法表示,并将这三个二进制数从右向左各数位对齐排成三行(左边的数位不足时可用"0"填补).这样排定后,每列(即三数的同一数位)都有三个数字"0"或"1".我们称这三个数组成的数组是"正则"的,如果排定以后每列中都含有偶数个(0 个或 2 个)"1".

我们注意下面的事实:应将"从一堆火柴中取走若干根(或整堆)火柴"称为一次操作,则:

(1) 对正则数组进行一次操作,必得非正则数组.

这是因为进行一次操作后,必定有一行的一个数字发生变化,因而这个数字所在的列中"1"增加或减少一个,而数组的正则性被破坏.

(2) 对非正则数组进行一次适当的操作,必可将其化为正则数组,例如,对非正则数组

6	5	4	3	2	1
1	0	0	1	0	1
0	1	1	0	0	1
0	0	1	0	0	0

我们将各列从右至左编号,则此数组的第 3,5,6 列均只含一个"1",若将第一数中第 6、第 3 列的"1"去掉,而将第 5 列的"0"改为"1",则数组将化为正则数组,这只要从第一数中减去

$$100100 - 10000 = 10100$$

(即从相应的一堆中取走 20 根火柴)即可实现.一般情形可仿此证

明之.

　　假设先操作,如果开始时三堆火柴的数目组成非正则数组,则甲进行适当的操作将其化为正则数组,这时乙不论怎样操作,都会将数组变成非正则数组.轮到甲时,又将其化为正则数组,如此下去,乙永远不会得到正则数组,故他不会取走最后剩下的火柴(因为(0,0,0)是正则数组),因而乙不胜而甲获胜.

　　综上所述,当开始时三堆火柴中火柴的数目组成正则数组,则先操作的人有必胜策略.

6.1.2　Fibonacci 记数法

　　取数列 Q 为 F-数列 F:

$$F = \{f_n : n \geqslant 0\} = \{1, 2, 3, 5, 8, \cdots\} \tag{15}$$

由递归关系

$$\begin{cases} f_{n+2} = f_{n+1} + f_n, & n \geqslant 0 \\ f_0 = 1, f_1 = 2 \end{cases}$$

给定.容易验证,F-数列具备 Q-记数法中基本数列的三个特点(注意:此处初始值为 $f_0 = 1, f_1 = 2$;一般地,此处及本章其他地方的 f_m 所表示的是原来的 f_{m+2}),利用 F-数列得到的记数法称为 Fibonacci 记数法(以下简称为 F-记数法).

　　F-记数法有以下两个特性:

　　(1)只出现数字"0"和"1".

　　这是因为对任意的 n,有

$$\left[\frac{f_{n+1}}{f_n}\right] = \left[\frac{f_n + f_{n-1}}{f_n}\right] = 1 \tag{16}$$

　　(2)无相连的两个"1",即"11"不出现.

这是因为,若 $a_i = 1$,则

$$r_i = r_{i+1} - a_i f_i = r_{i+1} - f_i < f_{i+1} - f_i = f_{i-1} \tag{17}$$

故

$$0 \leqslant a_{i-1} = \left[\frac{r_i}{f_{i-1}}\right] < \left[\frac{f_{i-1}}{f_{i-1}}\right] = 1 \tag{18}$$

因而 $a_{i-1} = 0$.

由数的 F-记数法我们得知:任何自然数均可表示为若干个不同的且互不相邻的 Fibonacci 数的和.根据这种记数法,十进制数 100 表示为

$$100 = 89 + 8 + 3 = f_9 + f_4 + f_2 = (1000010100)_F$$

要注意的是,虽然

$$95 = 55 + 34 + 3 + 2 + 1 = f_8 + f_7 + f_2 + f_1 + f_0$$

但 95 的 F-记数法表示不能写成

$$95 = (11000111)_F$$

而应写成

$$95 = 89 + 5 + 1 = (1000001001)_F$$

按照 F-记数法,$f_n = 100\cdots00$(共 n 个 0)为最小的 $n+1$ 位数.而最大的 m 位数为 $1010\cdots10$(当 m 为偶数时)或 $1010\cdots101$(当 m 为奇数时).

更为有趣的是,十进制或二进制记数法中逐位相加的进位加法对于 F-记数法已经完全不适用.例如,对于 F-记数法的加法,有

$$100 + 100 = 1001$$

这是因为

$$100 + 100 = f_2 + f_2 = f_2 + f_1 + f_0 = f_3 + f_0 = 1001$$

容易知道

$$1 + 1 = 10, \quad 10 + 1 = 100, \quad 10 + 10 = 101$$

显然,最大的 4 位数是 1010,最大的 5 位数是 10101;它们与 1 的和分别为最小的 5 位数和最小的 6 位数:

$$1010 + 1 = 10000, \quad 10101 + 1 = 100000$$

一般地,读者不难自行验证关于 F-记数法的一些加法公式:

$$\underset{(2m-1 \text{位})}{10101\cdots 01} + 1 = \underset{(2m \text{位})}{100\cdots 00}, \quad m > 1 \tag{19}$$

$$\underset{(2m \text{位})}{101010\cdots 10} + 1 = \underset{(2m+1 \text{位})}{100\cdots 00} \tag{20}$$

$$\underset{(2m-1 \text{位})}{10101\cdots 01} + 10 = \underset{(2m \text{位})}{100\cdots 01}, \quad m > 1 \tag{21}$$

$$\underset{(2m+1 \text{位})}{10101\cdots 01} + \underset{(2m+1 \text{位})}{100\cdots 00} = \underset{(2m+2 \text{位})}{1010\cdots 10}, \quad m \geqslant 1 \tag{22}$$

由式(19)和式(20)可得

$$100\cdots 0(m \text{ 个 } 0, m \text{ 为偶数}) - 1010\cdots 10(m \text{ 位数}) = 1$$

$$100\cdots 0(m \text{ 个 } 0, m \text{ 为奇数}) - 1010\cdots 101(m \text{ 位数}) = 1$$

即最小的 $m+1$ 位数大于最大的 m 位数,于是在 F-记数法中比较两数大小的方法与十进制记数法中比较两数大小的方法完全相同.特别地,在两个数的结尾各添上(或划去)一个"0",不改变这两个数的大小关系.

6.1.3　F-记数法的应用

我们给出 F-记数法的应用的两个简单的例子.

1. 两个 Fibonacci 数的差

前面我们已经知道,任意两个 Fibonacci 数的差都可以表示为相邻的若干个 Fibonacci 数的和. 下面我们利用 F-记数法给出这个结论的一个证明.

首先我们注意到, 任意若干个相间 (即下标之差为 2) 的 Fibonacci 数的和, 都是若干个相邻的 Fibonacci 数的和:

$$f_n + f_{n+2} + \cdots + f_{n+2k} = f_{n-2} + f_{n-1} + f_n + f_{n+1} + \cdots$$
$$+ f_{n+2(k-1)} + f_{n+2k-1}$$

其次, 由式 (19) 和式 (20) 可知

$$1000\cdots00(m \text{ 位}) - 1 = \begin{cases} 1010\cdots101, & m \text{ 为偶数} \\ 1010\cdots10, & m \text{ 为奇数} \end{cases} \quad (23)$$

现设 $m > n$, 则

$$f_m - f_n = 100\cdots00(m+1 \text{ 位}) - 100\cdots0(n+1 \text{ 位})$$

于是由式 (23) 可知, 这个差是形如 $10101\cdots10100\cdots0$ 的数, 因而是若干个相间的 Fibonacci 数的和, 也是相邻的若干个 Fibonacci 数的和.

2. 一个组合记数问题

在 1.1.3 节中我们曾提出并解决了下面的记数问题:

"设有 n 个红球和 n 个白球, 从中任取 n 个球排成一行, 但红球不许相邻, 问有多少种排列的方法 (设同色的球不可辨)?"

现在利用 F-记数法给出一个简单而有趣的解答.

在解答这个问题之前, 我们先用记数法的思想给出一个周知的记数问题的简单解法: "求 8 位电话号码的个数". 显然, 每个 8 位电话号码恰与一个不超过 8 位的十进制自然数对应; 反之亦然. 而最大的 8 位十进制自然数是 99999999, 故 8 位电话号码共有 $99999999 + 1 = 100000000$, 即 10^8 个.

现在回到原来的问题. 将红球对应于 "1", 白球对应于 "0", 由于红球互不相邻, 故 "1" 互不相连, 因而在所求的排列中至少含有

一个"1"的排列恰对应于一个不超过 n 位的 F-记数法正整数,反之亦然.而不超过 n 位的 F-记数法正整数中最大的为 $1010\cdots10$(n 为偶数)或 $1010\cdots101$(n 为奇数),加上全排白球的一个,故所求的排列共有

$$1010\cdots10 + 1 = 100\cdots00 \quad （共 n + 1 位）$$

或

$$1010\cdots101 + 1 = 100\cdots00 \quad （共 n + 1 位）$$

个,即有 f_n 个(注意:此处的 f_n 所表示的是原来的 f_{n+2}).

6.2　关于正整数集合的一种划分

本节利用 F-记数法给出正整数集合的一种有趣的划分.

6.2.1　正整数的一种分类及表示

1. 正整数的一种分类

我们利用 F-记数法给出正整数的一种分类.

将每个正整数用 F-记数法表示,则可能出现两种情形:其 F-记数表示或以偶数个"0"结尾(包括以"1"结尾);或以奇数个"0"结尾.前者组成的集合记为 A,后者组成的集合记为 B,即定义

$$A = \{a : a \text{ 的 F- 记数法表示以偶数个"0"结尾}\}$$

$$B = \{b : b \text{ 的 F- 记数法表示以奇数个"0"结尾}\}$$

则有

$$A \bigcup B = N, \quad A \bigcap B = \varnothing$$

按此定义,将十进制的 100 用 F-记数法表示为

$$100 = (1000010100)_F$$

其结尾有两个"0",故 $100 \in A$. 而

$$(1000)_F = f_3 = 5 \in B$$

2. 正整数的一种表示法

现在我们给出任意正整数 k 的一种表示法.

定理　任意正整数 k 都可以表示为

$$k = b - a$$

的形式,其中 $a \in A$,而 b 是在 a 的结尾添上一个"0"而得到的,故 $b \in B$.

证明　设 k 为任意正整数,将 k 用 F-记数法表示: $k = \sum_{i \in I} f_i$.

若 $k \in B$,则在 k 的 F-记数法表示的后面添上"0",得 $a = \sum_{i \in I} f_{i+1} \in A$;在 a 的后面再添上一个"0",得 $b = \sum_{i \in I} f_{i+2} \in B$,于是

$$b - a = \sum_{i \in I} f_{i+2} - \sum_{i \in I} f_{i+1} = \sum_{i \in I} f_i = k$$

例如

$$20 = 13 + 5 + 2 = (101010)_F \in B$$

在此 F-记数法的结尾添上一个"0",得

$$a = (1010100)_F \in A$$

在 a 的结尾添上一个"0"得

$$b = (10101000)_F \in B$$

而

$$b - a = (10101000)_F - (1010100)_F = (101010)_F = 20$$

此时

$$a = 21 + 8 + 3 = 32, \quad b = 34 + 13 + 5 = 52$$

而 20 表示为

$$20 = 52 - 32, \quad 52 \in B, \quad 32 \in A$$

若 $k \in A$，将 $k-1$ 用 F-记数法表示为 $k-1-\sum\limits_{j\in J} f_j$，则易知 $k-1$ 以"0"结尾. 在其后添上"1"得 $\sum\limits_{j\in J} f_{j+1} + 1 \in A$；在 a 的后面添上"0"得 $b = \sum\limits_{j\in J} f_{j+2} + 10 \in B$，此时亦有

$$b - a = \sum_{j\in J}(f_{j+2} - f_{j+1}) + (10 - 1)$$

$$= \sum_{j\in J} f_j + 1 = (k-1) + 1 = k$$

例如

$$30 = 21 + 8 + 1 = (1010001)_F \in A$$

而

$$29 = 21 + 8 = (1010000)_F \in A$$

在 29 的 F-记数法表示的结尾分别添上"1"和"10"，得

$$a = (10100001)_F \in A, \quad b = (101000010)_F \in B$$

而

$$b - a = (101000010)_F - (10100001)_F = (1010001)_F = 30$$

此时

$$a = (10100001)_F = 34 + 13 + 1 = 48$$

$$b = (101000010)_F = 55 + 21 + 2 = 78$$

而 30 表示为

$$30 = 78 - 48, \quad 78 \in B, \quad 48 \in A$$

6.2.2　正整数集合的一种划分

1. 问题的陈述

有这样一个问题：能否将正整数序列

$$N = \{1, 2, 3, \cdots, n, \cdots\} \tag{1}$$

划分为两个子序列

$$A = \{a_i : i \geqslant 1\}, \quad B = \{b_i : i \geqslant 1\} \tag{2}$$

使其作为集合,满足

$$A \bigcup B = N, \quad A \bigcap B = \varnothing \tag{3}$$

且对任意 k,均有

$$b_k - a_k = k \tag{4}$$

问题的答案是肯定的,我们用 F-记数法给出问题的解答.

2. 正整数集合的一种划分

我们按上面问题的要求给出正整数集合的划分.

前面我们已经将正整数集合划分为 A, B 两部分,使式(3)成立. 现将 A 中的数依上升的次序排成 $a_1 < a_2 < \cdots$;由于 $x \in B$,当且仅当去掉 x 的最后一个"0"所得的数属于 A,故在 $a_1, a_2, \cdots$ 的每个后面各添上一个"0",即得到 B 的全体数 $b_1 < b_2 < \cdots$,而

$$A = \{a_i : i \geqslant 1\}, \quad B = \{b_i : i \geqslant 1\} \tag{5}$$

是正整数列 N 的两个子序列.

为了回答前面所提的问题,我们要证明 $b_k - a_k = k$. 因为已经证明每个正整数 k 都可以表示为

$$k = b - a, \quad b \in B, \quad a \in A$$

的形式,b 由 a 的结尾添"0"而得到,故我们只需证明:$b_k - a_k$ 是严格增加的,即对每个自然数 $k \geqslant 1$,均有

$$b_{k+1} - a_{k+1} > b_k - a_k \tag{6}$$

我们先做一些准备工作. 设 $a \in A$,将 a 用 F-记数法表示,就是将 a 表示为若干互不相邻的 Fibonacci 数之和. 若 a 以"0"结尾,则 $a = \sum\limits_{i \in I} f_i (i \geqslant 1)$;若 a 以"1"结尾,则 $a = \sum\limits_{i \in I} f_i + 1 (i \geqslant 2)$,其中 I 是组成 a 的 Fibonacci 数的下标的集合. 在 a 的 F-记数法表

示的后面添上一个"0"得 b,则当 a 以"0"结尾时,$b = \sum_{i \in I} f_{i+1}$,而

$$b - a = \sum_{i \in I} (f_{i+1} - f_i) = \sum_{i \in I} f_{i-1} \tag{7}$$

当 a 以"1"结尾时,$b = \sum_{i \in I} f_{i+1} + 10$,而

$$b - a = \sum_{i \in I} (f_{i+1} - f_i) + (10 - 1) = \sum_{i \in I} f_{i-1} + 1 \tag{8}$$

现证明 $b_k - a_k$ 随 k 严格增加. 上面已假定 $a_{k+1} > a_k$,现设

$$\begin{cases} a_{k+1} = \sum_{i \in I} f_i, & \text{当 } a_{k+1} \text{ 以"0"结尾} \\ a_{k+1} = \sum_{i \in I} f_i + 1, & \text{当 } a_{k+1} \text{ 以"1"结尾} \end{cases} \tag{9}$$

$$\begin{cases} a_k = \sum_{i \in J} f_j, & \text{当 } a_k \text{ 以"0"结尾} \\ a_k = \sum_{i \in J} f_j + 1, & \text{当 } a_k \text{ 以"1"结尾} \end{cases} \tag{10}$$

则由 $a_{k+1} > a_k$,可知

$$\sum_{i \in I} f_i > \sum_{j \in J} f_j \tag{11}$$

以下分四种情形:

(1) a_k, a_{k+1} 均以"0"结尾.

由式(7)得

$$\begin{cases} b_{k+1} - a_{k+1} = \sum_{i \in I} f_{i-1} \\ b_k - a_k = \sum_{j \in J} f_{j-1} \end{cases} \tag{12}$$

但 $\sum_{i \in I} f_{i-1}$ 与 $\sum_{j \in J} f_{j-1}$ 可分别由 a_{k+2} 与 a_k 的 F-记数法表示划去结尾的"0"而得到,由式(11)可得 $\sum_{i \in I} f_{i-1} > \sum_{j \in J} f_{j-1}$,即式(6)成立.

(2) a_k, a_{k+1} 均以"1"结尾.

由式(8)得

$$
\begin{cases}
b_{k+1} - a_{k+1} = \displaystyle\sum_{i \in I} f_{i-1} + 1 \\[2mm]
b_k - a_k = \displaystyle\sum_{j \in J} f_{j-1} + 1
\end{cases}
\tag{13}
$$

但 $\displaystyle\sum_{i \in I} f_{i-1}$ 与 $\displaystyle\sum_{j \in J} f_{j-1}$ 可分别由 a_{k+1} 与 a_k 的 F-记数法中和式部分表示的数划去结尾的"0"而得到,由式(11)可得 $\displaystyle\sum_{i \in I} f_{i-1} > \sum_{j \in J} f_{j-1}$,因而 $\displaystyle\sum_{i \in I} f_{i-1} + 1 > \sum_{j \in J} f_{j-1} + 1$,即式(6)成立.

(3) a_{k+1} 以"1"结尾,因而以"01"结尾;a_k 以"0"结尾,因而以"00"结尾.

由式(7)和式(8)得

$$
\begin{cases}
b_{k+1} - a_{k+1} = \displaystyle\sum_{i \in I} f_{i-1} + 1 \\[2mm]
b_k - a_k = \displaystyle\sum_{j \in J} f_{j-1}
\end{cases}
\tag{14}
$$

但 $\displaystyle\sum_{i \in I} f_{i-1}$ 与 $\displaystyle\sum_{j \in J} f_{j-1}$ 可分别由 a_{k+1} 与 a_k 的 F-记数法中和式部分表示的数划去结尾的"0"而得到,由式(11)可得 $\displaystyle\sum_{i \in I} f_{i-1} > \sum_{j \in J} f_{j-1}$,因而式(6)成立.

(4) a_{k+1} 以"0"结尾,因而以"00"结尾;a_k 以"1"结尾,因而以"01"结尾.

由式(7)和式(8)得

$$
\begin{cases}
b_{k+1} - a_{k+1} = \displaystyle\sum_{i \in I} f_{i-1} \\[2mm]
b_k - a_k = \displaystyle\sum_{j \in J} f_{j-1} + 1
\end{cases}
\tag{15}
$$

由 $a_{k+1} > a_k$ 可知

$$\sum_{i \in I} f_i > \sum_{j \in J} f_j + 1 \tag{16}$$

故

$$\sum_{i \in I} f_i > \sum_{j \in J} f_j \tag{17}$$

且式(17)的两边都以"0"结尾,都去掉结尾的"0",得

$$\sum_{i \in I} f_{i-1} > \sum_{j \in J} f_{j-1}$$

故

$$\sum_{i \in I} f_{i-1} - \sum_{j \in J} f_{j-1} \geqslant 1 \tag{18}$$

但式(18)中的等号不成立,若不然,则

$$\sum_{i \in I} f_{i-1} - \sum_{j \in J} f_{j-1} = 1 \tag{19}$$

故若不计 $\sum_{i \in I} f_{i-1}$ 与 $\sum_{j \in J} f_{j-1}$ 的左起的相同的部分(如果存在),则它们余下的不同部分的差仍然为 1,而其结尾都是"0",由此可知其余下的不同部分的差只可能为(用 F-记数法表示)

$$100 - 10, \quad 10000 - 1010, \quad 1000000 - 101010, \quad \cdots \tag{20}$$

故 $\sum_{i \in I} f_{i-1}$ 以偶数个"0"结尾,而 $a_{k+1} = \sum_{i \in I} f_i$ 以奇数个"0"结尾,与 $a_{k+1} \in A$ 矛盾.于是式(18)中不等号严格成立,而式(6)成立.

综上所述,我们已证明 $b_k - a_k$ 随 k 严格增加.

总结上面的讨论,我们已经完成对于 N 的合乎要求的划分,即将正整数序列划分为两个子序列 $A = \{a_i : i \geqslant 1\}$, $B = \{b_i : i \geqslant 1\}$,使每个正整数都可以表示为 $b_k - a_k = k$ 的形式,其中 $a \in A$, $b \in B$,且 b 由 a 的 F-记数表示的结尾添一个"0"而得到.

例如,由前面的讨论可知,$a = 100 \in A$ 且

$$a = 100 = (1000010100)_F$$

在其后添"0"得

$$b = (10000101000)_F = 144 + 13 + 5 = 162 \in B$$

因为

$$b - a = 162 - 100 = 62$$

故

$$100 = a_{62}, \quad 162 = b_{62}$$

同样可知

$$a_{20} = 32, \quad b_{20} = 52$$
$$a_{30} = 48, \quad b_{30} = 78$$

从这些例子可以看出:为了求出序列 A 或 B 的第 k 项,只需将 k 表示为

$$k = b - a, \quad a \in A, \quad b \in B$$

则

$$a_k = a, \quad b_k = b$$

兹将 k 的表示及 N 划分的部分结果列于表 6.1 中.

表 6.1

k	1	2	3	4	5	6	7	...	...
A	1	3	4	6	8	9	11	...	...
B	2	5	7	10	13	15	18	...	...

正整数序列的这种划分是有意义的,下节我们将利用它来讨论一个数学游戏,给出这种游戏的制胜策略.

6.3　一个博弈问题及其制胜策略

本节利用上节对正整数集合所作的划分,给出一个博弈问题

的制胜策略.

6.3.1　游戏规则及制胜原理

"拾棋子"是流传于我国民间的一种古老的数学游戏.

游戏的规则是这样的:任置两堆棋子,甲、乙两人轮流从中取走棋子,每人每次可从任一堆中取走任意数目的棋子,或从两堆中取走相同数目的棋子,最后所剩的棋子归谁一次取走,谁就获胜.这个游戏的制胜策略可利用我们讨论过的关于正整数序列的划分来给出,所以可作为 F-记数法在对策论中的一个应用.我们用正整数的无序对(a,b)表示两堆棋子的数目分别为 a,b,并且称为一个局势,而取棋一次则称为走一步.设现在的局势是$(1,2)$,并且轮到乙走,则显然只有四种可能的走法,分别使局势变成$(0,2)$,$(1,1)$,$(1,0)$;轮到甲走时,甲可一次取走全部棋子而获胜.从这个简单的例子可以看出:存在这样一种局势,当棋手遇到这种局势时,无论采取何种走法,都不能避免失败,我们称这类局势为必败局势.必败局势具有下面的性质:

(1) 从任一必败局势出发,任走一步之后,一定变成非必败局势;

(2) 从任一非必败局势出发,或者可以一步获胜,或者一定存在一种走法,使走一步以后即成为必败局势.

根据刚才的分析,$(1,2)$是必败局势.$(0,0)$也是必败局势,因为面临这个局势即告失败.其他如$(5,3)$,$(7,4)$,$(10,6)$,…均为必败局势.

认识了必败局势之后,细心的读者或许已经发现了这个游戏的制胜原理:当对方遇到必败局势时,不论他如何走,留给你的必定是非必败局势；而你必可将此非必败局势化为必败局势留给对方，而对方又不可避免地将非必败局势留给你，如此交替，而棋子的数目则不断地减少.但棋子的数目是有限的，不能无止境地减少下去，故你一定能在某一步造成必败局势(0,0)留给对方而取胜.

6.3.2　制胜策略

由上面的分析可知，要获取胜利，必须具备两个条件：

(1) 要使对方首先遇到必败局势；

(2) 要知道如何将非必败局势经一步化为必败局势.

因此必须学会识别必败局势和化非必败局势为必败局势的方法，下面我们就来给出这些方法.

我们已经将正整数列 $N = \{1,2,\cdots,n,\cdots\}$ 划分为两个子列 $A = \{a_k\}, B = \{b_k\}$，且

$$A \bigcup B = N, \quad A \bigcap B = \varnothing$$

使

$$a_1 < a_2 < \cdots < a_k < \cdots$$
$$b_1 < b_2 < \cdots < b_k < \cdots$$

且满足

$$b_k - a_k = k$$

利用这个划分，我们给出必败局势的特征：(a,b) 是必败局势，如果存在正整数 k，使

$$a = a_k \in A, \quad b = b_k \in B$$

这时

$$b - a = b_k - a_k = k$$

直观地说，(a,b) 是必败局势，则 a，b 恰是 A，B 中相对应(即下标相同)的一对数．要判定 (a,b) $(a<b)$ 是必败局势，只需将 a，b 均用 F-记数法表示，其中 a 的这种表示法应以偶数个"0"结尾，而 b 的表示法由 a 的表示法在其结尾处再添上一个"0"而得到．

　　下面我们证明：若遇到必败局势而对方掌握了恰当的策略，则必定失败．

　　首先，设 (a_k,b_k) $(b_k-a_k=k)$ 为必败局势，则无论从数目为 a_k 的一堆中取走棋子或从数目为 b_k 的一堆中取走棋子，都使得改变后的局势中两堆棋子的数目不是 A，B 中相对应的一对数；而同时从两堆中取走相同数目的棋子，则得到的局势中两堆棋子的数目之差仍为 k，但 A，B 中只有唯一的一对相对应的数的差为 k，故所得的局势中两堆棋子的数目也不是 A，B 中相对应的一对数．于是我们得知，必败局势经走一步之后必变为非必败局势．

　　其次，设 (a,b) $(a<b)$ 为非必败局势，且 $b-a=k$．考察含有 a 的必败局势 (a,m) $(a<m)$ 或 (m,a) $(m<a)$ 及 (a_k,b_k)(注意 $b_k-a_k=k$)，这时有两种可能的情形：

　　(1) $m<b$．从含 b 枚棋子的一堆中取走 $b-m$ 枚棋子，则局势 (a,b) 化为必败局势 (a,m) 或 (m,a)．

　　(2) $m>b$．这时，$m>b>a$．设 $(a,m)=(a_l,b_l)$，则

$$a_l=a,\quad b_l=m>b$$

而

$$l=b_l-a_l>b-a=k=b_k-a_k$$

故

$$a_l>a_k,\quad b_l>b_k$$

由于

$$b - a = k, \quad b_k - a_k = k$$

故

$$d = b - b_k = a - a_k > 0$$

在非必败局势(a, b)的两堆棋子中各取走 d 枚棋子,即得到必败局势(a_k, b_k).

至此,我们已证明遇到必败局势时必然失败,因此制胜策略是:

当开局时的局势为必败局势时,让对方先走;

当开局时的局势为非必败局势时,首先将其变为必败局势,然后让对方走.

附录 1　中世纪意大利数学家 列昂纳多·斐波那契
——生平及著作

列昂纳多·斐波那契(约 1170～1250)是中世纪杰出的意大利数学家.

在公元 12、13 世纪之交,意大利半岛城市国家林立.它们在经济上排挤拜占庭和阿拉伯商人,控制了东方与西欧的中介贸易.中世纪的欧洲数学发展极其缓慢,在古代曾经出现如阿基米德、欧几里得、海伦那样的数学大师的欧洲,在中世纪的数学上却显得有些沉寂.斐波那契就出生在这样的时代,后来成为欧洲数学复兴的先驱者和杰出的数学家.

列昂纳多·斐波那契
(Leonardo Fibonacci)

斐波那契出身于比萨共和国的博那西家族,父亲是比萨共和国官员.他在著作《算盘书》封面上的署名是"LEONARDO PISANO"(即比萨的列昂纳多),斐波那契为其绰号,是 Filius Bonacci 的缩写,意为波那契之子.这位杰出的数学家即以"斐波那契"的名字闻名而传世.

斐波那契的父亲于 1192 年受派至北非殖民地经商,他携子前往.父亲是基督教徒,却为儿子聘请了伊斯兰教的教师,斐波那契在当地学习了印度数学和阿拉伯数学.后来他又随父亲远航,到过埃及、叙利亚、希腊、西西里等地.他勤奋学习,广泛收集资料,积累了丰富的数学知识.在世纪之交,他返回祖国,仍钻研不倦,学问日渐增长.他曾获得受腓特烈二世接见的殊荣,成为皇帝的座上客.在宫廷里他结识了许多当代的学者,学识更加长进.斐波那契在算术、代数、几何、数论及不定方程等领域都有很高的造诣,成为中世纪欧洲最杰出的数学家.他一生著述颇丰,其著作流传后世,是 13～14 世纪欧洲最重要的数学专著和教科书.

《算盘书》是斐波那契的传世之作,写于 1202 年.这部浩繁的著作包括了当时几乎所有的关于算术与代数方面的成果,并且对以后几百年西欧数学的发展起了显著的作用.正是通过这部著作,欧洲人认识了印度(阿拉伯)数字、十进制记数法和东方的算术.这部著作汇集的大量问题成为著作的主要组成部分,兔子问题即其中之一,正是从这个问题中产生了著名的斐波那契数列.

此外,斐波那契的著作还有《求积之书》《实用几何》《花朵》等,其较全面地介绍了印度、阿拉伯和古希腊的数学成就.这些著作包含了开平方和开立方、二次和三次方程等;在这些著作中,他最早给出三次方程的数值解,给负数作出了正确的解释;斐波那契对于不定方程也很有研究,他的许多巧妙而奇特的解法令人折服.

作为中世纪杰出的数学家,斐波那契留给后人许多宝贵的财富.

附录2 《算盘书》中的"兔子问题"

兔子问题是斐波那契在他的著作《算盘书》中提出的,它是产生 F-数列的原始模型.

《算盘书》是斐波那契的一部重要的著作,写于 1202 年.全书共 15 章,兔子问题在第 12 章,载于 1228 年问世的该书的第 2 个版本的手稿的 123~124 面.今根据俄文转译如下(原载沃洛别也夫《斐波那契数》第 2 版,科学出版社,莫斯科,1964 年).

一对兔子在一年内繁殖到多少对?

某人将一对兔子养殖在四周用围墙封闭起来的一块地上,想知道在一年的时间里能繁殖到多少对兔子.如果兔子的自然属性是:每对兔子每月可产下一对小兔,而新生的兔子在出生后的第二个月才能生产后代.因为第一对兔子第一个月产下一对小兔,兔子的数目加倍,故在第一个月有 2 对兔子;其中的一对即第一对在其后的一个月又产下一对小兔,故第二个月有 3 对兔子;其中有 2 对在后一个月生产小兔,因此在第三个月又增加 2 对兔子,故第三个月兔子的对数达到 5 对;其中的 3 对当月产生后代,故第四个月兔子达到 8 对;其中的 5 对产下另外的 5 对小兔,加上原有的 8 对,故第五个月共有 13 对兔子;其中新生的 5 对当月不生产,而其余 8 对产下小兔,因而在第六个月兔子有 21 对;加上第七个月出生的 13

对,故这个月有 34 对;加上第八个月出生的 21 对,故第八个月有
55 对;加上第九个月出生的 34 对,共有 89 对;加上第十个月出生
的 55 对,故这个月有 144 对;又加上第十一个月出生的 89 对,这个
月有 233 对;再加上下一个月出生的 144 对,达到 377 对,这就是原
有的第 1 对兔子在围墙之内经过一年的繁殖产生的兔子的总对
数.实际上,从附表 1 中你可以看到我们是如何计算的.我们将第
一数与第二数即 1 与 2 相加,再将第二数与第三数相加,然后将第
三数与第四数,第四数与第五数相加,这样一个接一个地相加,直
到第十个数与第十一个数即 144 与 233 相加,我们即得到要求的兔
子的总数为 377 对,而且可以这样做下去直到无穷多月.

附表 1

开始	1
第 1 月末	2
第 2 月末	3
第 3 月末	5
第 4 月末	8
第 5 月末	13
第 6 月末	21
第 7 月末	34
第 8 月末	55
第 9 月末	89
第 10 月末	144
第 11 月末	233
第 12 月末	377

附录 3　Fibonacci 数列的
前 50 项

$$\begin{cases} f_{n+2} = f_{n+1} + f_n, & n \geqslant 1 \\ f_1 = f_2 = 1 \end{cases}$$

附表 2

n	f_n	n	f_n
1	1	14	377
2	1	15	610
3	2	16	987
4	3	17	1 597
5	5	18	2 584
6	8	19	4 181
7	13	20	6 765
8	21	21	10 946
9	34	22	17 711
10	55	23	28 657
11	89	24	46 368
12	144	25	75 025
13	233	26	121 393

（续表）

n	f_n	n	f_n
27	196 418	39	63 245 986
28	317 811	40	102 334 155
29	514 229	41	165 580 141
30	842 040	42	267 914 296
31	1 346 269	43	433 494 437
32	2 178 309	44	701 408 733
33	3 524 578	45	1 134 903 170
34	5 702 887	46	1 836 311 903
35	9 227 465	47	2 971 215 073
36	14 930 352	48	4 807 526 976
37	24 157 817	49	7 778 742 049
38	39 088 169	50	12 586 269 025

后　　记

在数学花园的百花丛中,斐波那契数列是引人注目的一簇.作者很早即开始认识这个数列,经过长期的学习、思考、研究,将心得和成果汇集成 6 章 35 节,其中既有对经典理论的精心处理,也包含作者创新的概念和结论.成书期间,心系神凝,历时数载,终于搁笔,方知道所谓"如释重负"原来竟是这般滋味!

作者早年读过《斐波那契数》(沃洛别也夫,第 1 版及修订版)、《循环级数》(马库希维奇),后来又读了华罗庚教授的《从杨辉三角谈起》《数学归纳法》,受益匪浅.这些著作对拙作有着潜移默化的深刻影响,其中的概念和方法是作者执笔的基础.作者对数学家前辈们深怀崇敬与感激之情.拙作的读者们如果能同时阅读和参考他们的这些著作,一定会大有裨益.

拙作是一本普及性的入门书.阅读拙作,应着重于对斐波那契数列的有关概念的理解和方法的体验.如果读完拙作,有了这方面的理解与体验,读者可以进一步涉入关于斐波那契数列的比较专深的课题或关于这个数列的应用.

作者感谢乐茂华教授,在关于斐波那契数列中的倍数及带模的斐波那契数列的研究中他给予了许多帮助;感谢王家宝教授,在关于 k 方斐波那契数列的研究中我们有过许多的讨论与交流;感谢周持中、袁平之教授,他们的专著《斐波那契-卢卡斯数列及其应用》(湖南科学技术出版社)全面而深刻地论述了常系数线性递归数列,在与他们共同工作时作者拓广和加深了对这类数列的理解.
与朋友们一起切磋研究并且得到帮助,实在是人生的一大幸事与
乐事!

　　作者特别感谢彭翕成教授、胡旺编辑,拙作的出版得到他们的
鼓励与支持;感谢中国科学技术大学出版社.

　　作者还感谢肖妍、任文华在电脑输入方面,曾小平、陈文静在
图表绘制方面所给予的帮助.

　　作者才疏学浅,书中错漏之处在所难免,诚恳地希望读者批评
指正,不吝赐教.

肖果能

2014 年 5 月 14 日于上海华虹公寓